Karyn Tripp

Mathe verstehen mit Kunst

Zeichnen, malen, basteln, gestalten
und nebenbei Mathe lernen

Bassermann

Für Rich, Brennan, Elise und Burton,
ohne die es dieses Buch nicht gäbe.

ISBN 978-3-8094-4507-4

2. Auflage 2026

produktsicherheit@penguinrandomhouse.de

(Vorstehende Angaben sind zugleich Pflichtinformationen nach GPSR.)

Fotos: Karyn Tripp

Layout: Laura McFadden Design Inc.

Umschlaggestaltung: Atelier Versen, Bad Aibling

Projektkoordination: Birte Dittmann

Übersetzung: Dr. Ulrike Kretschmer, München

Satz und Redaktion: Dr. Alex Klubertanz, Haßfurt

Herstellung: Claudia Scheike

Printed in China TT122025

Dank

Beim Schreiben dieses Buchs hatte ich nicht nur unglaublich viel Spaß – ich habe auch viel gelernt! Ich wollte schon immer ein Buch schreiben, und so ist für mich jetzt ein Traum wahr geworden. Allerdings war es schwerer, als ich gedacht hatte, ohne die Hilfe der mir am nächsten stehenden Menschen wäre das Buch nicht zustande gekommen. Diesen Menschen möchte ich hiermit danken.

Zunächst meinem Mann Rich, der mich die ganze Zeit über unterstützt und sich am Wochenende, während ich arbeitete, immer um die Kinder gekümmert hat. Ich danke dir für deine Selbstlosigkeit – du bist mein Fels in der Brandung.

Meiner Mom danke ich für die Hilfe beim Brainstorming und fürs Babysitten. Du hast mich immer dazu ermutigt, ich selbst zu sein und meine Talente zu entdecken. Das Kreative habe ich von dir – danke für alles, was du mir beigebracht hast!

Meinem Dad danke ich dafür, dass er mir die Angst davor genommen hat, meinen Träumen zu folgen. Danke für die vielen Jahre der Unterstützung und der Liebe.

Mein Dank gilt auch meiner fantastischen Schwiegermutter, die sich ebenfalls großartig um die Kinder gekümmert hat – ohne dich hätte ich es nicht geschafft.

Meine Kinder Brennan, Elsie, Burton und Millie sind der eigentliche Grund für dieses Buch. Durch sie habe ich gelernt und durch sie habe ich den Mut gefunden, auch Schwieriges anzupacken: Durch sie weiß ich, dass ich klug, kreativ und kühn genug dafür bin. Sie haben alle Projekte in diesem Buch getestet – sowohl auf ihren Fun-Faktor hin als auch auf ihre Machbarkeit. Ich liebe euch – ihr macht mein Leben schöner.

Ich danke auch meinen Blog-Followern: Ihr seid toll, danke, dass ihr mich all die Jahre unterstützt habt! Eure ermutigenden und warmherzigen Kommentare spornen mich an. Ich bin ungeheuer gern für euch kreativ.

Dem großartigen Team bei Quarto danke ich dafür, dass es mich als Autorin so wunderbar unterstützt hat. Danke für eure Geduld mit einer im Bücherschreiben gänzlich Unerfahrenen.

Ein letztes Dankeschön geht an die Damen meines Learning Circle. Diese meine besten Freundinnen helfen mir durch schwere Zeiten – und die gibt es leider immer. Sie schenken mir Mut und Erdung.

Inhalt

1 = Mathematik und die Schönen Künste 14

Dies ist kein Widerspruch – überzeugt euch selbst.

2 = Diagramme, Raster, Zahlen und Gleichungen 30

Mit Rastern oder Punkten bedrucktes Papier macht die Verbindung von Mathematik und Kunst noch leichter.

3 = Symmetrische Kunst 46

Eine Form ist symmetrisch, wenn mindestens zwei ihrer Teile auf gegenüberliegenden Seiten identisch sind. Findet heraus, wie man mit Symmetrie Kunst erschaffen kann.

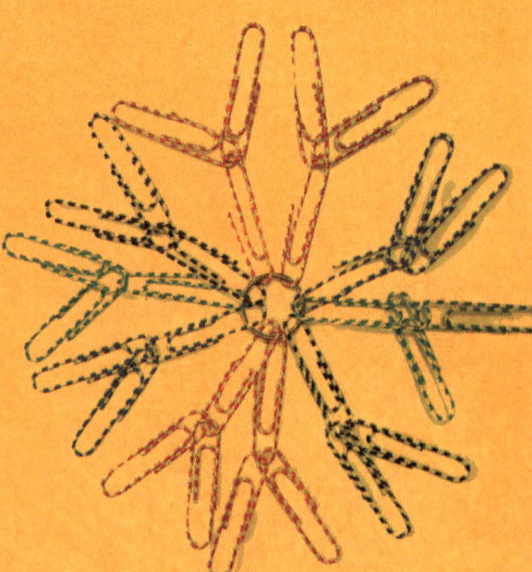

4 = Kunst und Geometrie 60

Werdet kreativ mit Formen und Linien.

5 = Ethno-Mathekunst 72

Kunst gibt es schon seit Anbeginn der Zeit überall auf der Welt – und meist war an ihrer Entstehung auch die Mathematik beteiligt.

6 = Mathekunst zum Essen 88

Mathe macht besonders Spaß, wenn die Ergebnisse nicht nur richtig und kunstvoll, sondern auch essbar sind. Viel Spaß beim Backen!

Anhang

Ein Wort vorweg

In Mathe war ich nie besonders gut, aber Kunst habe ich schon als Kind geliebt. Erst später habe ich begriffen, wie viel Mathematik und Kunst gemeinsam haben.

Liebe Eltern, liebe Lehrer,

ich mochte Mathe am Anfang wirklich nicht – ich habe deswegen als Kind sogar öfter geweint. Nach meiner letzten Mathestunde war ich ungeheuer erleichtert – endlich sollte ich nie wieder etwas damit zu tun haben! Doch Pustekuchen, wie sich herausstellte, als ich meinen Kindern bei den Hausaufgaben helfen wollte. Als sie dann auch noch sagten, sie hassten Mathe ebenfalls, kam ich ins Grübeln: Konnte man Mathe denn nicht auch anders vermitteln? Schließlich sollten meine Kinder nicht das gleiche Trauma wie ich erleben.

Von da an war Mathe bei mir eine Tätigkeit und nicht nur ein Arbeitsblatt. Ich dachte mir Spiele und Projekte aus, die meinen Kindern die schwierigeren Konzepte in der Mathematik ohne Tränen vermittelten. Und so ganz nebenbei habe ich mich selbst in die Mathematik verliebt.

Mit diesem Buch möchte ich Ihnen dabei helfen, dasselbe bei Ihren Kindern oder Schülern bzw. Schülerinnen zu erreichen.

Die Projekte in diesem Buch bieten Kindern die Gelegenheit, originell und innovativ zu sein. Helfen Sie ihnen dabei, zu ihrem ganz eigenen künstlerischen Ausdruck zu finden.

Liebe Kinder,

sicherlich hat man euch schon gesagt, wie wichtig Mathematik ist und wie oft im Leben man sie braucht. Das stimmt tatsächlich – und wer Spaß an Mathe hat, hat auch weniger Angst vor ihr. Deshalb möchte ich euch in diesem Buch verschiedene Möglichkeiten vorstellen, wie sich Mathe im echten Leben bemerkbar machen kann. Künstlerinnen arbeiten damit, Bäcker brauchen sie für ihre Rezepte und Architektinnen verwenden sie in ihren Entwürfen. Die folgenden Kunstprojekte lassen euch kreativ werden und bringen Schwung in die Mathestunde!

Mathe ist mehr als nur Zahlen – Mathe hilft uns dabei, Probleme zu lösen. Packt man sie kreativ an, könnt ihr euch sogar mathematische Gleichungen leichter merken.

Dieses Buch ist für Kinder im Alter zwischen 8 und 12 gedacht. Ich habe selbst zwei Kinder in diesem Alter, die alle Projekte mit mir ausprobiert und dabei viel gelacht haben.

Das Wichtigste, das ich mit diesem Buch erreichen will, ist zu vermitteln, dass Mathe nicht kompliziert, langweilig und öde sein muss. Macht euch also auf jede Menge Spaß gefasst!

Benötigte Materialien

Für die Projekte in diesem Buch braucht ihr die folgenden Materialien:

Künstler- und Kunsthandwerksbedarf

- Bleistifte
- Lineal
- Filzstifte
- Buntstifte
- Acryl- und Temperafarbe, Pinsel und Wassergläser
- Klebeband
- Zirkel
- Winkelmesser
- Papier in verschiedenen Größen und Farben
- kariertes Papier
- Seidenpapier in verschiedenen Farben
- Schere
- Klebstoff
- Ölkreide
- große Büroklammern
- Sicherheitsnadeln
- Pinnwand und Pinnnadeln
- Reißzwecken
- Zahnstocher
- Strohhalme
- Garn
- Pappe
- Nadeln
- Pfeifenreiniger

Bastelbedarf

- Stickgarn
- Plastikflasche
- Modelliermasse
- Glanzlack (optional)
- Moosgummi
- Draht
- Steine
- Kiefernzapfen
- farbiger Sand
- Holzwürfel
- altes Backblech aus Metall
- Glyzerin
- Einbandfolie
- Farbwalze
- Murmel
- durchsichtige Saugnäpfe
- Holzstäbe

Backbedarf

- Mehl
- Zucker
- Backpulver
- Salz
- Gelatine in verschiedenen Geschmacksrichtungen
- geschmacksneutrale Gelatine
- Vanilleextrakt
- Lebensmittelfarbe (Gel)
- gesüßte Kondensmilch
- Schokolade
- bunte Candy Melts
- Schokotröpfchen, Rosinen, Heidelbeeren oder andere kleine Lebensmittel
- Waffeln oder Waffeleisen
- Butter
- Hefe
- Eier
- Sahne
- Maissirup
- Ahornsirup
- Schokoladenformen
- Backbleche
- Kuchengitter
- Nudelholz

Glossar

In diesem Buch sprechen wir immer mal wieder über verschiedene grundlegende mathematische Begriffe. Du findest sie bei den jeweiligen Projektbeschreibungen unter „Die Mathematik dahinter“ wieder. Hier erfährst du, was diese Begriffe bedeuten.

Addition: Berechnen der Summe von zwei oder mehr Zahlen, z. B.: 1 + 3 = 4.

Ausgewogenheit: Gleichmäßig verteiltes Gewicht. Ist etwas ausgewogen, besitzen beide Seiten dieselbe Masse oder Menge.

Bruch: Teil einer Zahl, dargestellt in zwei übereinanderstehenden und durch einen Strich getrennte Zahlen. Die obere Zahl sagt aus, wie viele Teile es gibt, die untere, in wie viele gleich große Teile das Ganze gegliedert ist. Beispiel: ¼. Das Ganze ist in vier Teile gegliedert, gemeint ist einer der vier Teile.

Diagramm: Grafische Darstellung. Dargestellt wird der Zusammenhang (meist) zweier Merkmale in Form einer Linie. Die Linie ergibt sich durch Punkte, deren Position durch die X- und Y-Achse bestimmt wird.

Dimensionen: Länge, Tiefe und Breite. Ein zweidimensionaler (oder flacher) Gegenstand besitzt zwei Dimensionen, ein dreidimensionaler alle drei.

Fläche: Der Raum, den eine Oberfläche einnimmt. Um z. B. die Fläche eines Rechtecks zu berechnen, muss seine Länge mit seiner Breite multipliziert werden. Bei einem Dreieck wird die Grundseite mit der Höhe multipliziert und dann durch 2 geteilt.

Form: Zu den bekannten zweidimensionalen Formen gehören Kreise, Vierecke und Dreiecke, zu den dreidimensionalen Kugeln, Würfel und Pyramiden.

Geometrie: Teilgebiet der Mathematik, das sich mit Linien, Körpern und Punkten sowie deren Beziehungen zueinander beschäftigt. Sie deckt auch flache und dreidimensionale Formen ab.

Gewicht: Gibt an, wie schwer etwas ist, die Auswirkung der Schwerkraft auf einen Gegenstand. Gemessen wird das Gewicht in Gramm, Kilogramm und Tonnen.

Gleichschenkliges Dreieck: Dreieck mit zwei gleich langen Seiten und zwei gleichen Winkeln. Ein gleichschenklig-rechtwinkliges Dreieck besitz einen 90- und zwei 45°-Winkel.

Goldener Schnitt: Er taucht oft in der Geometrie, Kunst und Architektur auf. Zwei Teilstrecken sind im Verhältnis des Goldenen Schnitts geteilt, wenn die längere Strecke zur kürzeren im gleichen Verhältnis steht wie die Gesamtstrecke zu längeren Strecke. Als Zahl ausgedrückt ist dies rund 1,62.

Konzentrische Kreise: Eine Reihe von Kreisen, die denselben Mittelpunkt haben, aber verschieden groß sind.

Koordinatensystem: Dient dazu, die Position eines Punktes auf einer Fläche mithilfe zweier senkrecht zueinander stehender Linien, der X- und der Y-Achse, zu bestimen. Es gibt auch dreidimensionale Koordinatensysteme zur Bestimmung der Position eines Punktes im Raum.

Kreisdurchmesser: Die Länge einer geraden Linie, die durch den Kreismittelpunkt verläuft und zwei Punkte auf der Kreislinie miteinander verbindet.

Maß: Menge oder Größe von etwas, z. B. Gewicht, Länge oder Volumen.

Multiplikation: Wiederholtes Zusammenzählen gleicher Zahlen. Zählt man z. B. fünfmal 10 zusammen, ergibt sich: 5 x 10 = 50.

Muster: Ergibt sich, wenn sich etwas wiederholt, z. B. Formen, Farben oder Zahlen.

Negative Zahlen: Zahlen mit einem Wert von unter 0.

Parallele Linien: Linien, die in dieselbe Richtung verlaufen und sich nicht kreuzen.

Pi: Die Kreiszahl (Symbol: π). Sie beginnt mit 3,14 und gibt das Verhältnis zwischen dem Umfang eines Kreises zu seinem Durchmesser wieder. Die Zahl ist also für alle Kreise gleich.

Positive Zahlen: Zahlen mit einem Wert von über 0.

Proportion: (Größen-)Verhältnis verschiedener Teile eines Ganzen zueinander.

Prozentsatz: Anteile pro 100, Symbol: %. 25 % z. B. bedeuten 25 Teile von 100 Teilen.

Räumliches Vorstellungsvermögen: Fähigkeit, sich Gegenstände in drei Dimensionen vorzustellen, z. B. gedreht im Raum.

Rechtwinkliges Dreieck: Dreieck mit einem 90°-Winkel.

Senkrechte Linien: Linien, die im rechten Winkel (90°) aufeinandertreffen.

Subtraktion: Berechnen des Unterschieds zwischen zwei Zahlen, z. B.: 4 – 1 = 3.

Symmetrie: Eine Figur ist symmetrisch, wenn sie z. B. durch Drehung um einen Punkt auf sich selbst abgebildet werden kann. Bei der Rotationssymmetrie sieht die Figur nach der Drehung aus wie voher, bei der Reflexionssymmetrie entspricht jeder Teil einem gegenüberliegenden.

Temperatur: Wärme oder Kälte eines Gegenstands, in Grad Celsius (°C) gemessen.

Umfang: Länge der Begrenzungslinien einer ebenen Figur. Wird mittels Addition (Zusammenzählen) berechnet.

Winkel: Der Raum zwischen einander kreuzenden Linien, meist in Grad gemessen.

Zählen: Bei einer Zahl beginnen und diese dann um immer denselben Betrag erhöhen oder verringern. Um z. B. die Anzahl von Gegenständen in einer Gruppe zu bestimmen, kann man sie zählen.

Zählen mit Überspringen: Um mehr als 1 vor- oder zurückzählen, etwa um 2 vorzählen: 2, 4, 6, 8, 10 …

Zeit: Die Abfolge von Vergangenheit, Gegenwart und Zukunft. Gemessen wird sie in Sekunden, Minuten, Stunden, Tagen, Wochen, Monaten und Jahren mit Uhren und Kalendern.

Mathematik und die Schönen Künste

Mathematik und Kunst – das passt doch nicht, denkt ihr jetzt vielleicht. Doch die beiden haben überraschend viel gemeinsam. Beide beschäftigen sich mit Mustern, Formen, Linien, Verhältnissen und Proportionen – Konzepte, die weder der Künstler noch der Mathematiker außer Acht lassen darf. Möglicherweise habt ihr schon einmal Kunstwerke mit geometrischen Formen oder sich wiederholenden Mustern gesehen. Ohne Kenntnisse in Geometrie oder Symmetrie hätten die Künstler so etwas nicht erschaffen können!

In diesem Kapitel geht es um die Arbeiten einiger großer Künstler, die wir mithilfe der Mathematik nacherschaffen wollen. Dazu brauchen wir Winkel, Kreise, Flächen, Umfänge und viel Farbe!

Viele große Künstler, darunter M. C. Escher, Wassily Kandinsky, Victor Vasarely, Frank Stella, Alexander Calder, Jasper Johns, Paul Klee und Frank Lloyd Wright, haben Mathematik in ihrer Kunst verwendet. Hier könnt ihr nun selbst kreativ werden. Viel Spaß dabei!

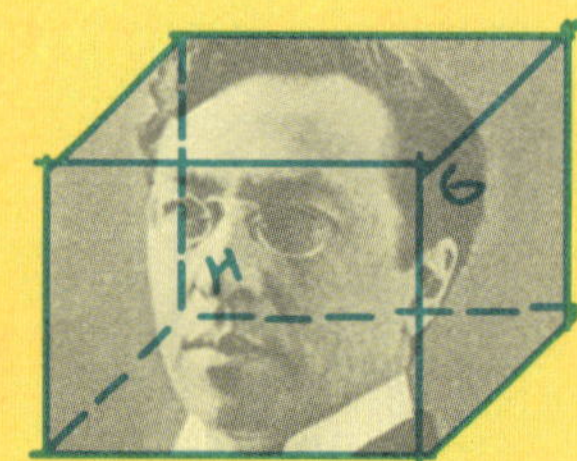

Paul Klees geometrisches Mosaik

Paul Klee (1879–1940) war ein schweizerisch-deutscher Künstler, der sich vom Kubismus, Impressionismus und Surrealismus inspiriert fühlte. Sein Gemälde *Burg und Sonne* besteht aus farbenprächtigen geometrischen Formen, die ihr mit bunten Papierstücken nachbilden könnt.

Die Mathematik dahinter: *Geometrie, Muster, räuml. Vorstellungsvermögen*

Material

Papier in unterschiedlichen Farben

Schere

Abbildung von Paul Klees Gemälde *Burg und Sonne*

Klebstoff

1 Schneidet aus verschiedenfarbigem Papier Quadrate, Dreiecke und Rechtecke in verschiedenen Größen aus.

2 Holt euch Inspiration in Klees Gemälde *Burg und Sonne*. Entwerft auf einem großen Stück dunklen Papiers eine Burg aus verschiedenen geometrischen Formen.

3 Klebt eure Papierstücke auf. Ihr müsst Klees Gemälde nicht nachbilden – ihr dürft ruhig eure eigene Burg konstruieren!

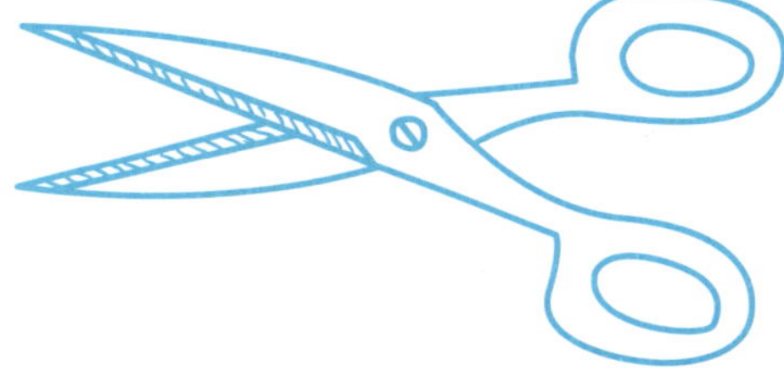

M. C. Eschers Unendlichkeitsdreiecke

Der niederländische Künstler M. C. Escher (1898–1972) ist für seine Mosaiken berühmt sowie dafür, in seiner Kunst mit komplexen mathematischen Vorstellungen zu spielen. Bei diesem Projekt geht es um die Vortäuschung von Unendlichkeit – es soll der Eindruck entstehen, als setze sich das Muster immer weiter fort. Wir probieren es erst einmal mit etwas einfacheren Dreiecken.

Die Mathematik dahinter: *Geometrie, Maße*

Material

Lineal

Bleistift

buntes Bastelpapier

Schere

größeres Blatt Bastelpapier

1 Zeichnet mithilfe eines Lineals ein großes gleichschenklig-rechtwinkliges Dreieck auf ein Blatt Bastelpapier und schneidet das Dreieck aus.

2 Fertigt zwei weitere solcher Dreiecke an, in verschiedenen Farben und kleiner als das erste: Die kurzen, gleich langen Seiten der neuen Dreiecke sollten genau halb so lang sein wie die lange Seite des ersten Dreiecks. Legt die drei Dreiecke auf dem großen Blatt Bastelpapier zu einem Quadrat zusammen. Schneidet nun vier Dreiecke aus, die jeweils wiederum halb so groß sind wie die vorhergehenden Dreiecke. Legt sie an das Quadrat an.

3 Es geht weiter mit vier Dreiecken, die halb so groß sind wie die vorherigen, dann folgen acht noch einmal kleinere Dreiecke. Für die nächste Reihe braucht ihr acht Dreiecke, die halb so groß sind wie die Dreiecke in der vorherigen Reihe, und dann noch einmal 16 wiederum halb so große Dreiecke. Dieses Muster könnt ihr unendlich fortsetzen – oder zumindest so lange, bis die Dreiecke so klein sind, dass ihr sie nicht mehr ausschneiden könnt!

Victor Vasarelys Op-Art-Bilder

Material
Papier
Bleistift
Lineal
Filzstifte
Zirkel

Der französisch-ungarische Künstler Victor Vasarely (1906–1997) ist der Begründer der Op-Art-Bewegung, einer abstrakten Kunstrichtung, die mit optischen Täuschungen arbeitet. Die Muster und Formen entwickeln eine Eigendynamik, die eine dreidimensionale Wirkung erzeugt. Versucht es selbst!

Die Mathematik dahinter: *Geometrie, parallele Linien, Form*

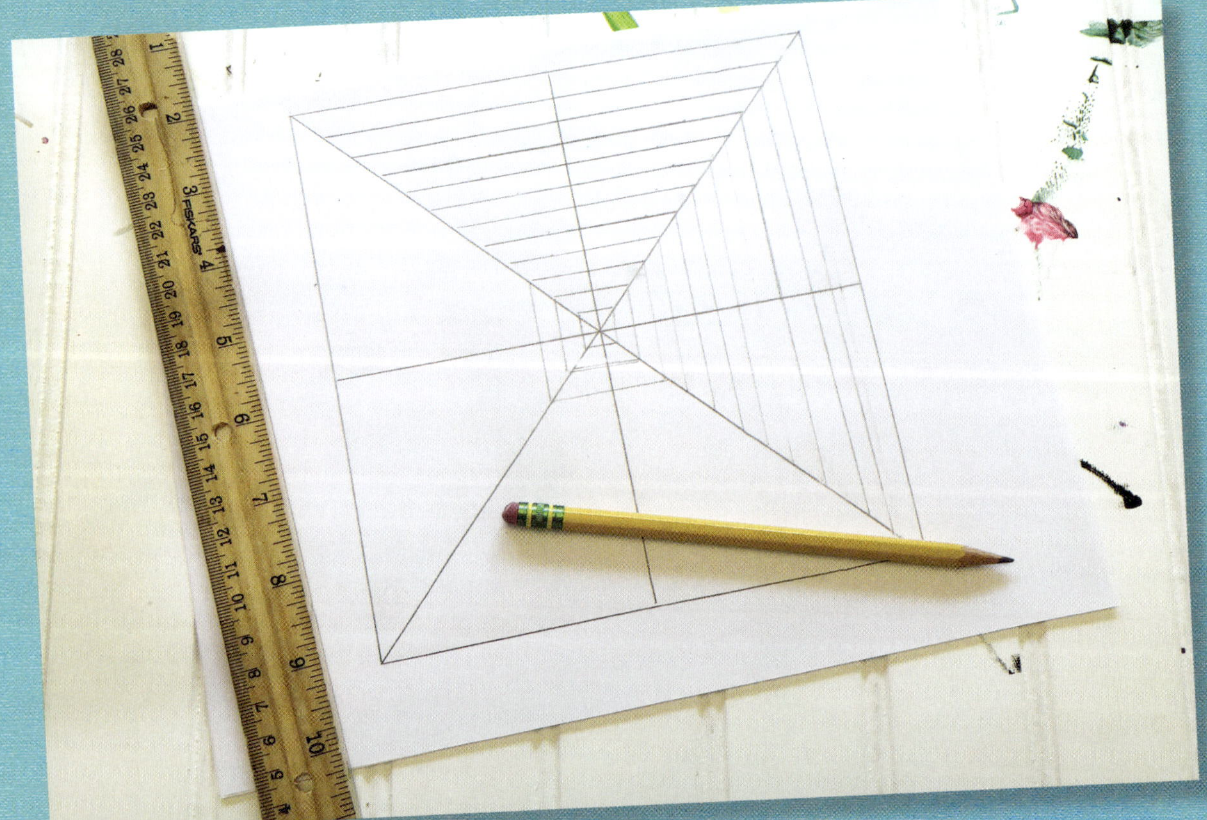

1 Zeichnet zunächst ein großes Quadrat mittig auf ein Blatt Papier. Teilt das Quadrat anschließend in acht gleich große Dreiecke auf, indem ihr mithilfe eines Lineals Linien von Ecke zu Ecke und von einer Seitenmitte zur anderen zieht. Zeichnet dann noch einmal zehn bis zwölf Linien in jedes Dreieck ein. Die Linien in den einzelnen Dreiecken sollten übereinstimmen.

2 Malt jeden zweiten der so entstandenen Abschnitte schwarz aus, und zwar abwechselnd, sodass immer ein schwarzer neben einem weißen Abschnitt steht.

3 Ein anderes Muster ergibt sich, wenn ihr einen Kreis mittig auf das Blatt Papier zeichnet oder es mit vielen kleinen Quadraten füllt. Für den 3D-Kreis zieht ihr mit dem Zirkel mittig einen Kreis, den ihr mit kleinen Quadraten schachbrettartig umgebt. Im Inneren des Kreises setzt ihr das Schachbrettmuster fort, zeichnet die Linien aber gekrümmt mit einem Zirkel. So entsteht der Eindruck, als wölbe sich der Kreis aus dem Papier heraus. Malt die Muster in verschiedenen Farben aus.

Alexander Calders Gesichtsmobile

Der amerikanische Künstler Alexander Calder (1898–1976) war für seine kinetischen Skulpturen und Mobiles berühmt. Er hat viel mit Ausgewogenheit und Bewegung gearbeitet, da er die herkömmliche Kunst für zu statisch hielt. Bei diesem Projekt erschafft ihr euch euer eigenes, von Calders Skulptur *Little Face* inspiriertes Mobile und probiert verschiedene Schwerpunkte aus.

Die Mathematik dahinter: *Ausgewogenheit, Dimensionen, Proportion, Symmetrie, Gewicht*

Material

Draht (ca. 0,8 mm Ø)

Stickgarn

Moosgummi

Nadel

durchsichtige Saugnäpfe

Klebstoff

1 Schneidet vom Draht ein etwa 1 Meter langes Stück ab. Biegt es zur Form eines Kopfs zurecht und verdreht die Enden unten miteinander. Formt seitlich zwei Drahtschlaufen – das sind die Ohren.

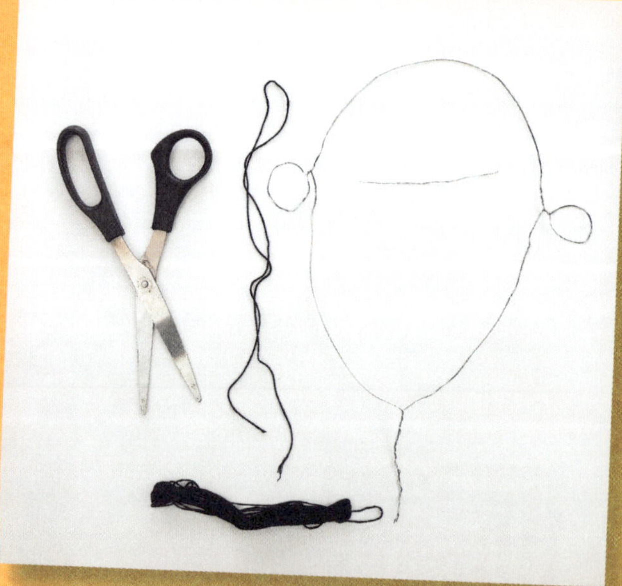

2 Schneidet ein kleineres Drahtstück – wenige Zentimeter lang – ab, daran werden die Augen aufgehängt. Befestigt den Draht an einem Stück Stickgarn, das ihr wiederum am oberen Ende des Kopfs befestigt.

3 Schneidet aus Moosgummi eine Nase und einen Mund aus. Stecht in beides ein Loch und befestigt Nase und Mund an dem Stickgarn.

4 Stecht auch oben in die Saugnäpfe jeweils ein Loch und fädelt etwas Stickgarn durch die Löcher. Umwickelt die Mitte der Saugnäpfe mit Stickgarn und hängt die Augen an den dafür vorgesehenen Draht, eins auf der rechten und eins auf der linken Seite der Nase.

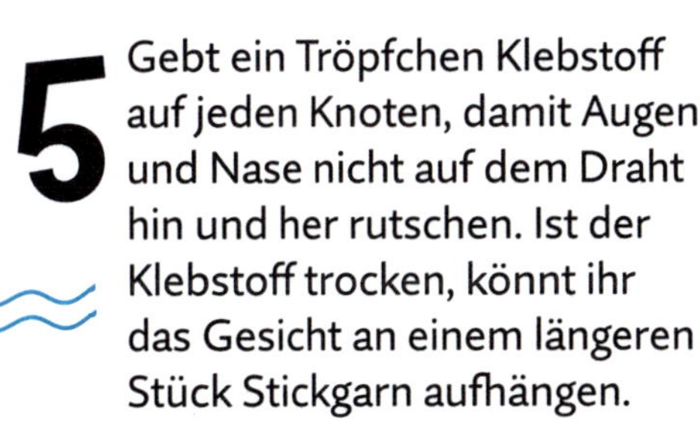

5 Gebt ein Tröpfchen Klebstoff auf jeden Knoten, damit Augen und Nase nicht auf dem Draht hin und her rutschen. Ist der Klebstoff trocken, könnt ihr das Gesicht an einem längeren Stück Stickgarn aufhängen.

Frank Stellas Winkelkunst

Dieses Projekt ist an *Takht-i-Sulayman Variation I* angelehnt, ein Werk aus Frank Stellas (geb. 1936) »Protractor Series«. Stella hat für über 100 Gemälde die Grundform eines Winkelmessers gewählt und diese zu einer Serie zusammengestellt. Zückt also euren eigenen Winkelmesser, und los geht's!

Die Mathematik dahinter: *Winkel, Geometrie, Maß*

Material
- Winkelmesser
- Papier
- Bleistift
- Ölkreide oder andere Materialien zum Ausmalen

1 Kreiert mithilfe des Winkelmessers ein Muster. Zieht zunächst den inneren und äußeren Umriss des Winkelmessers mit Bleistift auf einem Blatt Papier nach.

2 Dreht den Winkelmesser um 90°, wobei ihr die rechte Ecke des Winkelmessers an die linke Ecke der Zeichnung anlegt. Zeichnet dann noch einmal inneren und äußeren Umriss des Winkelmessers nach.

3 Wiederholt dies noch zwei Mal. Dabei entsteht ein Quadrat, bei dem die Rundung des Winkelmessers immer nach innen weist.

4 Malt die Abschnitte, die entstanden sind, bunt aus.

Noch mehr Winkel: Wassily Kandinsky

Der russische Künstler Kandinsky (1866–1944) beschäftigte sich mit abstrakter Kunst aus Winkeln und verschiedenen geometrischen Formen. Lasst euch von seinem Gemälde *Komposition VIII* inspirieren und zaubert verschiedene Formen mit Winkelmesser, Zirkel, Lineal und kleinen runden Gegenständen wie z. B. Münzen Linien, Kreise, Halbkreise, Bogen und dergleichen mehr auf ein Blatt Papier. Malt sie anschließend bunt aus. Probiert dabei auch einander überlappende Formen aus.

Jasper Johns' Kunst der versteckten Zahlen

Jasper Johns (geb. 1930) ist ein amerikanischer Künstler, der für seine Pop-Art und seinen abstrakten Expressionismus berühmt ist. Dieses Projekt ist an sein Gemälde *Abstract Number Art* angelehnt, in dem er Zahlen »versteckt« hat.

Die Mathematik dahinter: *Zählen, Zahlen erkennen*

Material

Abbildung von Jasper Johns' *Abstract Number Art*

1 großes Blatt weißes Papier

Temperafarben

Ziffernschablonen

schwarzer Filzstift

Schere

Klebstoff

1 Seht euch das Gemälde *Abstract Number Art* von Jasper Johns genau an. Malt einige Farbflecken auf ein weißes Blatt Papier und lasst die Farbe trocknen. Zeichnet mithilfe der Schablonen und eines schwarzen Filzstifts Zahlen von 0 bis 9 auf die Farbflecken.

2 Schneidet die Zahlen aus und klebt sie auf ein neues Blatt Papier. Wartet, bis der Klebstoff trocken ist.

3 Malt das neue Papier nun vollständig farbig aus und versucht, die Zahlen damit zu »verstecken« – so, dass sie nicht ins Auge fallen, aber noch erkennbar sind. Lasst die Farbe trocknen.

Frank Lloyd Wrights geometrische Glasmalerei

Frank Lloyd Wright (1867–1959) war ein amerikanischer Architekt, der seine Gebäude mit einigen wunderschönen Buntglasfenstern schmückte. Sie dienen diesem Projekt als Inspiration. Das Avery Coonley Playhouse beispielsweise gestaltete Wright als Kinderzimmer, in dessen Fenstern vielfältige bunte Formen Ballons, Flaggen und Konfetti andeuten sollen. Viel Spaß bei eurer eigenen geometrischen Glasmalerei!

Die Mathematik dahinter: *Winkel, Geometrie, parallele Linien, Muster, senkrechte Linien*

Material

Abbildungen von Frank Lloyd Wrights Buntglasfenstern

Seidenpapier in verschiedenen Farben

Schere

Einbandfolie

flüssiger Kleber

schwarze Farbe

1 Seht euch Frank Lloyd Wrights Buntglasfenster genau an und überlegt euch, wie ihr euer Kunstwerk gestalten wollt. Schneidet dafür verschiedene Formen aus Seidenpapier aus.

2 Schneidet von der Einbandfolie einen langen, rechteckigen Streifen ab und arrangiert eure ausgeschnittenen Formen auf der Hälfte des Streifens. Die andere Hälfte wird darübergeschlagen, wenn das Kunstwerk vollendet ist.

3 Mischt die Hälfte des Klebstoffs mit schwarzer Farbe. Schüttelt das Ganze gut, bis sich Klebstoff und Farbe vermischt haben. Mit dieser Mischung zeichnet ihr anschließend die Umrisse eurer Formen nach. Danach verbindet ihr die Formen durch parallele und senkrechte Linien miteinander. Lasst das Ganze trocknen.

4 Schlagt die andere Hälfte der Einbandfolie über euer Kunstwerk.

Diagramme, Raster, Zahlen und Gleichungen

Mathe ist langweilig? Nicht bei diesen Projekten: In diesem Kapitel macht Mathe richtig Spaß!

Während das klassische Millimeterpapier mit Linien versehen ist, die ein Gitternetz mit einer Maschenweite von einem Millimeter ergeben, gibt es auch Papier, das mit anderen Rastern oder mit Punkten bedruckt ist. Meist werden solche Papiere für mathematische Darstellungen verwendet, in diesem Kapitel aber lernt ihr noch andere Nutzungsmöglichkeiten kennen. Durch das gleichmäßige Muster lassen sich Längen besser messen, auch Symmetrie lässt sich leichter erzeugen. So könnt ihr auch ohne Lineal wunderschöne Muster erschaffen.

Außerdem geht es in diesem Kapitel ganz spielerisch um Zahlen und Gleichungen: In den kreativen Projekten tauchen Brüche, Prozentsätze, verschiedene Zählweisen, Addition, Multiplikation und vor allem jede Menge Farbe auf!

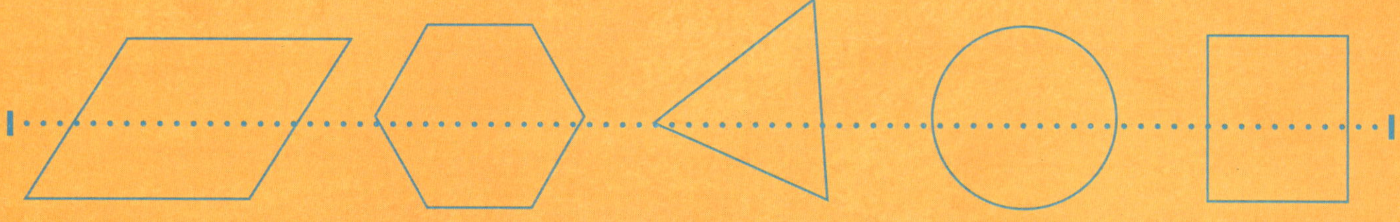

Der Quadratzahlenturm

Wird eine Zahl mit sich selbst multipliziert, ist das Ergebnis eine Quadratzahl. Da $3 \times 3 = 9$, ist beispielsweise die 9 eine Quadratzahl, nämlich die 3 im Quadrat oder 3^2. Bei diesem Kunstprojekt baut ihr einen Turm aus buntem kariertem Papier, indem ihr die Zahlen von 1 bis 10 ins Quadrat setzt.

Die Mathematik dahinter: *Addition, Fläche, Multiplikation, Umfang*

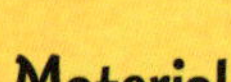

Material

buntes kariertes Papier oder weißes kariertes Papier und Buntstifte

Schere

Filzstift

Klebeband

1 Zeichnet auf ein Stück kariertes Papier ein großes Quadrat mit einer Seitenlänge von jeweils 10 Karos. Schneidet das Quadrat aus. Wie viele Karos enthält das Quadrat? Um das herauszufinden, müsst ihr die 10 mit der 10 multiplizieren. Schreibt die Antwort in die Mitte des Quadrats. Als Nächstes schneidet ihr ein Quadrat aus 9 × 9 Karos aus, dann eines aus 8 × 8 Karos. Fahrt so bis zur 1 fort.

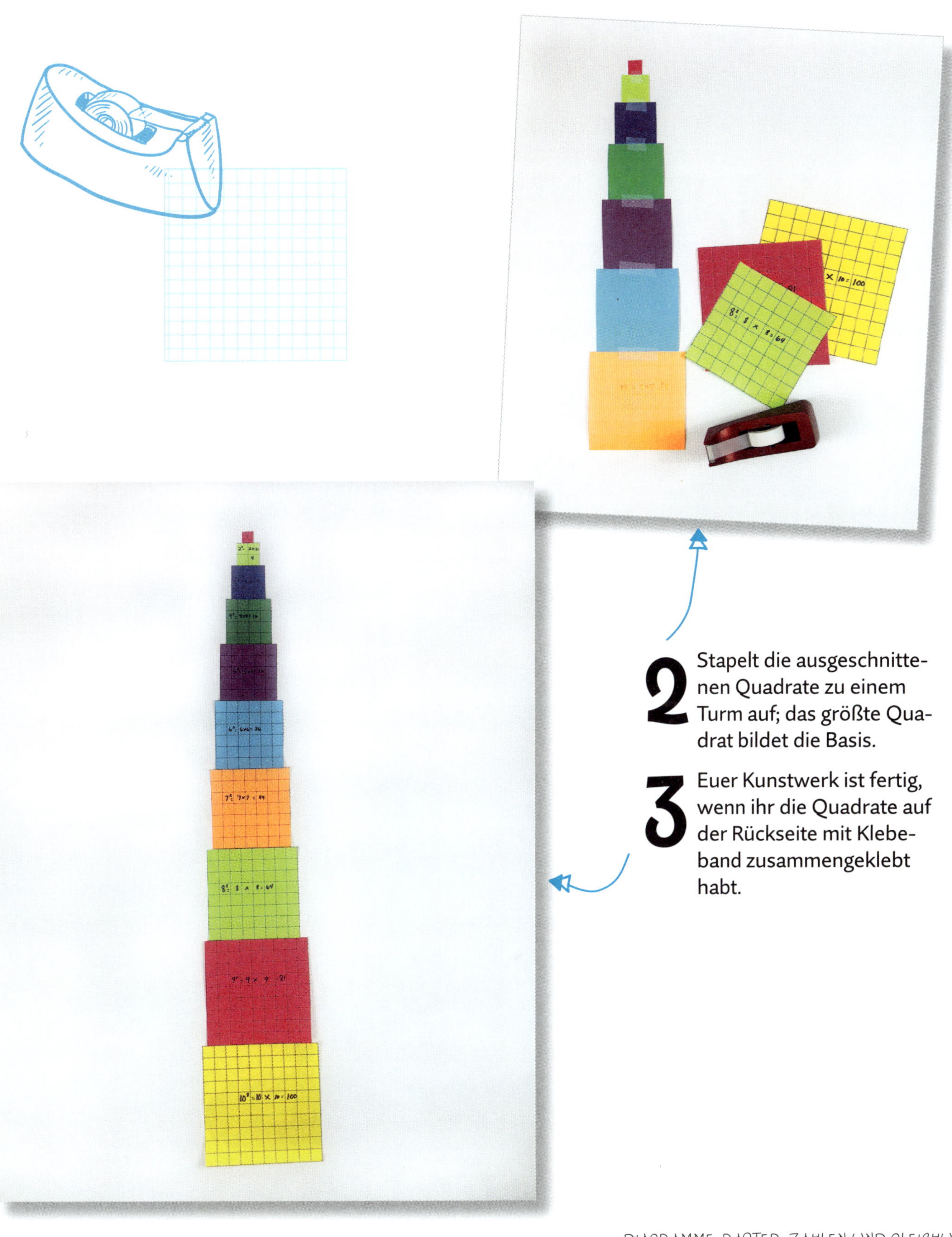

2 Stapelt die ausgeschnittenen Quadrate zu einem Turm auf; das größte Quadrat bildet die Basis.

3 Euer Kunstwerk ist fertig, wenn ihr die Quadrate auf der Rückseite mit Klebeband zusammengeklebt habt.

Punktrasterkunst

Auf gepunktetem Papier lassen sich ganz hervorragend geometrische Formen zeichnen. Dieses Projekt vereint Geometrie und Kunst zu tollen Bildern!

Die Mathematik dahinter: *Fläche, Zählen, Geometrie, Umfang*

Material

gepunktetes Papier (Kopiervorlage siehe S. 101)

Bleistift

Lineal

Filzstifte

1 Zeichnet mithilfe eines Lineals verschiedene geometrische Formen auf ein Blatt gepunktetes Papier.

2 Zeichnet weiter, bis das Blatt fast voll ist. Die Formen dürfen sich ruhig überlappen.

3 Malt die Formen aus. Verwendet verschiedene Farben, wenn sich die Formen überlappen.

4 Schreibt die Namen der Formen, die ihr gemalt habt, auf und berechnet anschließend Fläche und Umfang der einzelnen Formen.

- Die Fläche eines Quadrats oder Rechtecks berechnet man durch Länge × Breite.
- Die Fläche eines Dreiecks berechnet man durch Grundseite × Höhe ÷ 2.
- Die Fläche eines Trapezes berechnet man durch Länge + Länge × Höhe ÷ 2.
- Den Umfang jeder dieser Formen berechnet man, indem man alle Seitenlängen addiert.

Multiplikationsrasterkunst

Multiplizieren kann viel Spaß machen – wenn man in Farbe auf kariertem Papier multipliziert. Dies ist die perfekte Möglichkeit, sich im kleinen Einmaleins zu üben. Also los: Macht Mathe bunt!

Die Mathematik dahinter: *Fläche, Zählen, Multiplikation*

Material

kariertes Papier

Bunt- oder Filzstifte

Bleistift

zwei Würfel

1 Würfelt. Zum Multiplizieren der gewürfelten Zahlen zeichnet ihr ein Rechteck (oder Quadrat), das so viele Karos lang ist wie die eine Zahl und so viele Karos breit wie die andere.

2 Würfelt ihr z. B. eine 5 und eine 3, ist das Rechteck 5 Karos lang und 3 Karos breit. Malt das Rechteck aus und zählt die ausgemalten Karos. Daraus ergibt sich folgende Gleichung: 5 × 3 = 15.

3 Fahrt so fort. Wenn ihr wollt, könnt ihr ein Spiel daraus machen: Die Spieler wechseln sich mit dem Würfeln und Zeichnen ab und malen ihre Rechtecke in verschiedenen Farben aus. Gewonnen hat am Schluss der Spieler mit den meisten ausgemalten Karos.

Das Überspringzählrad

Mit diesem farbenprächtigen Multiplikationsrad könnt ihr euch wunderbar im Zählen mit Überspringen und natürlich im Multiplizieren üben.

Die Mathematik dahinter: *Addition, Multiplikation, Zählen mit Überspringen*

Material
- Papier
- Bleistift
- Zirkel
- Lineal
- Buntstifte
- segmentierter Kreis (siehe Kopiervorlage S. 100, optional)

1 Zeichnet einen Kreis und teilt ihn in 12 gleich große Segmente ein. Wenn ihr wollt, könnt ihr dafür auch die Kopiervorlage auf Seite 100 verwenden.

2 Schreibt die Zahlen 1 bis 12 um den Mittelpunkt des Kreises, jede Zahl in ihr eigenes Kreissegment.

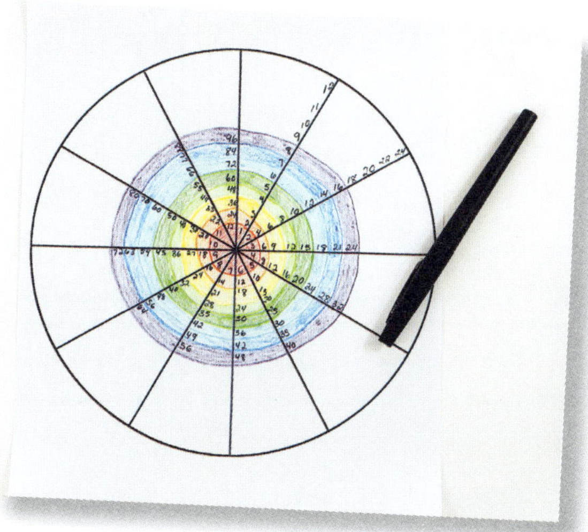

3 Schreibt an die Linie des Segments mit der Zahl 1 alle weiteren Zahlen bis zur 12. An die Linie des Segments mit der Zahl 2 schreibt ihr auch Zahlen, zählt diesmal aber in Zweierschritten (2, 4, 6 … 24). Zeichnet konzentrische Kreise hinter den Zahlen, sodass kreisförmige Reihen entstehen. Malt die Reihen in verschiedenen Farben aus.

4 Fahrt so fort, bis ihr den gesamten Kreis gefüllt habt: In Segment 3 geht ihr mit Dreierschritten vor (3, 6, 9 … 36), in Segment 4 mit Viererschritten (4, 8, 12 … 48) usw.

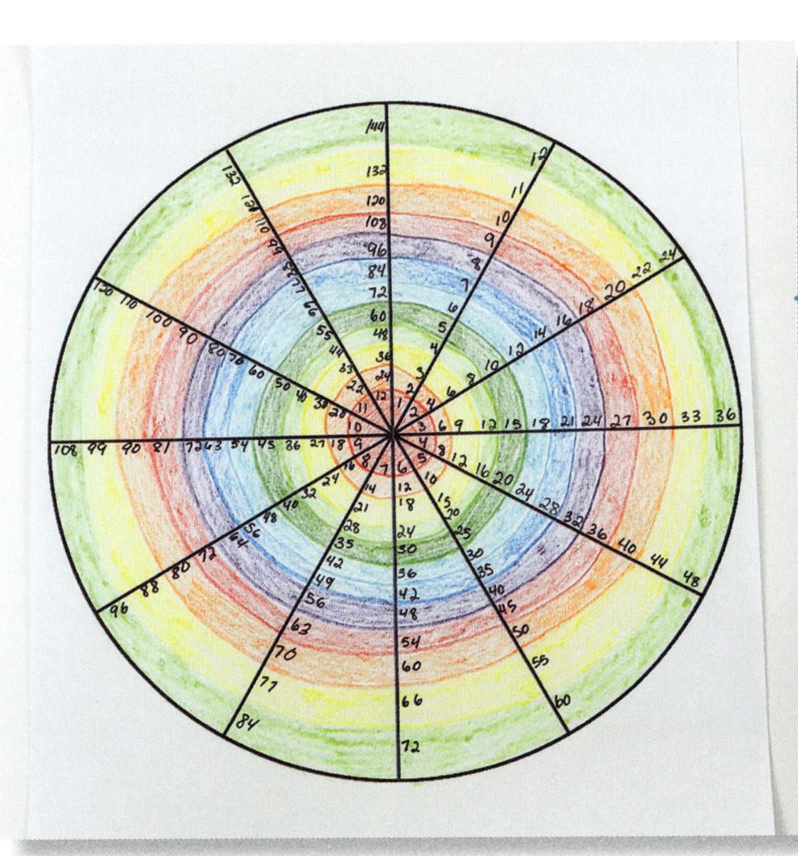

Die Goldene Spirale

Die Goldene Spirale entsteht durch Verwendung des Goldenen Schnitts. Ihr könnt sie ganz einfach auf kariertes Papier zeichnen, indem ihr der Fibonacci-Folge … äh … folgt (0, 1, 1, 2, 3, 5, 8, 13, 21 …), bei der sich jede Zahl aus der Summe der beiden vorhergehenden Zahlen ergibt: 0 + 1 = 1, 1 + 1 = 2, 1 + 2 = 3, 2 + 3 = 5 usw. Aus den Zahlen zaubert ihr wunderschöne Spiralen, die ihr wiederum in Bilder verwandelt.

Die Mathematik dahinter: *Addition, Geometrie, Multiplikation*

Material
kariertes Papier
Bleistift
Lineal
Goldenes Rechteck (siehe unten)
Zirkel (optional)
Filzstifte oder anderes Material zum Ausmalen

1 Zeichnet mithilfe der Fibonacci-Folge und der Abbildung rechts ein Goldenes Rechteck auf kariertes Papier. Geht dabei spiralförmig vor: Beginnt mit einem Quadrat aus 13 × 13 Karos und schließt daran ein Rechteck aus 8 × 13 Karos an. Von diesem Rechteck teilt ihr ein Quadrat aus 8 × 8 Karos ab, aus dem Rest ein Quadrat aus 5 x 5 Karos. Den Rest wiederum unterteilt ihr in ein Quadrat aus 3 × 3 Karos und ein Quadrat aus 2 × 2 Karos. Übrig bleiben schließlich zwei einzelne Karos (1 × 1).

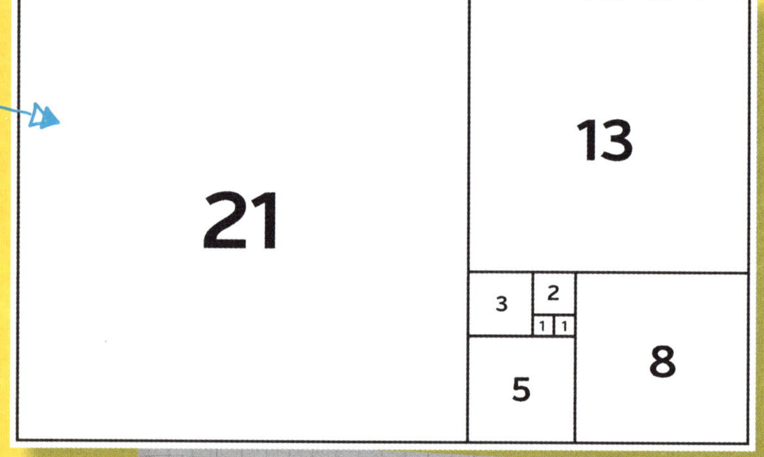

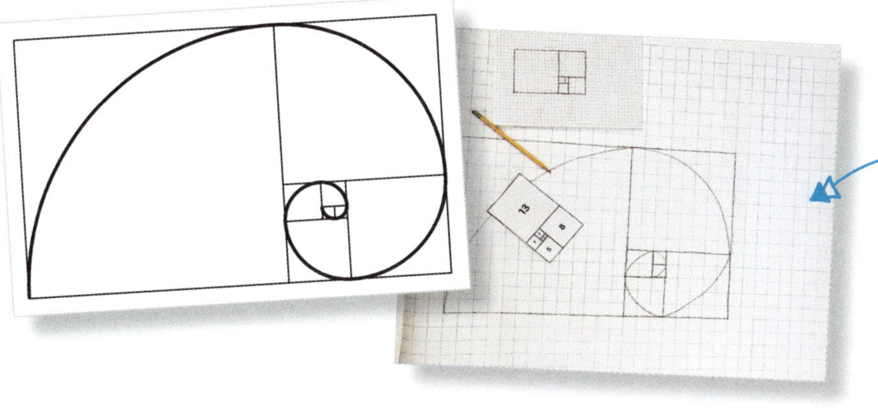

2 Zeichnet nun eine Spirale durch das gesamte Rechteck – mit einem Zirkel wird diese akkurater. Beginnt in der unteren linken Ecke des größten Quadrats, von der aus ihr einen Viertelkreis zur oberen rechten Ecke zieht. Damit seid ihr am nächst kleineren Quadrat angekommen. Zeichnet auch in dieses und in die folgenden jeweils einen Viertelkreis ein.

3 Nun ist es an der Zeit, kreativ zu werden! Denkt euch ein Tier oder etwas anderes aus, in das ihr die Spirale verwandeln wollt. Malt was immer ihr euch ausgedacht habt anschließend bunt aus.

Kiefernzapfenspiralen

Die Fibonacci-Folge findet sich auch in der Natur, etwa in Kiefernzapfen. Wenn ihr die Anzahl an Spiralen in jede Richtung in einem Kiefernzapfen zählt, werdet ihr ein Muster darin erkennen. Macht euch zunächst die verschiedenen Wirbel des Kiefernzapfens bewusst und vergleicht sie anschließend mit der Fibonacci-Folge. Malt den Kiefernzapfen dann an, wobei jede Spirale eine eigene Farbe bekommt. So entstehen wunderschöne, einzigartige Kiefernzapfenmuster!

Spritzmuster

Dieses Projekt macht viel Dreck und deshalb umso mehr Spaß! Tragt dabei am besten Kleidung und Schuhe, die sich gut waschen lassen oder ruhig dreckig werden dürfen.

Die Mathematik dahinter: *Maß*

Material

1 große Rolle weißes Papier oder alte Zeitungen

altes Backblech

abwaschbare Farben

Steine

1 Rollt draußen Papier oder legt Zeitungen aus. Platziert das alte Backblech ungefähr in der Mitte des Papiers.

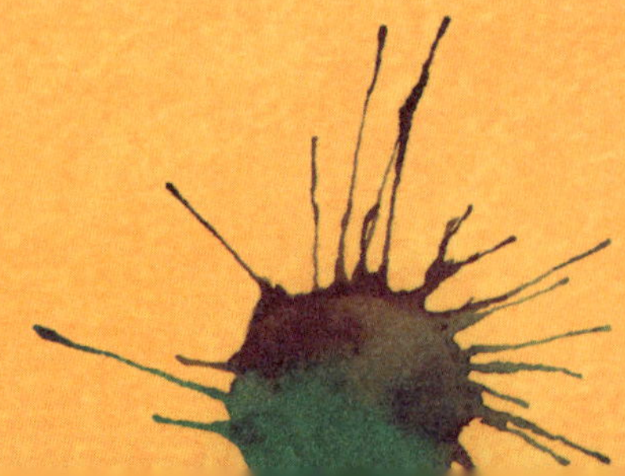

2 Füllt das Backblech mit Farbe. Je mehr Farbe ihr hineingebt, desto mehr Spaß macht das Projekt.

3 Werft Steine auf das Backblech und erzeugt so verschiedene Spritzmuster. Probiert unterschiedliche Höhen und Winkel aus, um herauszufinden, wobei die größten Farbspritzer entstehen.

4 Wie weit sind die weitesten Farbspritzer vom Backblech entfernt? Mit welcher Methode habt ihr die besten Ergebnisse erzielt?

Vedisches Quadrat

Könnt ihr gut multiplizieren? Mit diesem Projekt könnt ihr euch darin üben – und zwar auf sehr kreative Weise. Habt ihr alle Aufgaben gelöst, verwandelt ihr das Quadrat in ein Kunstwerk! Das Vedische Quadrat haben die altindischen Mathematiker erfunden, seine Muster tauchen sowohl in der indischen als auch in der islamischen Kunst auf.

Die Mathematik dahinter: *Addition, Geometrie, Multiplikation, Muster*

Material

Quadrat aus 10 x 10 kleineren Quadraten (Kopiervorlage siehe S. 102)

Papier

Bleistift

Filzstifte

Lineal

1 Druckt euch die Kopiervorlage auf Seite 102 aus. Setzt in die obere und ganz linke Spalte die Ziffern von 0 bis 9.

2 Multipliziert die Zahlen miteinander. Ist das Ergebnis zweistellig, zählt ihr die beiden Ziffern, aus denen die zweistellige Zahl besteht, so lange zusammen, bis es einstellig ist. Tragt die Ergebnisse in die kleinen Quadrate ein.

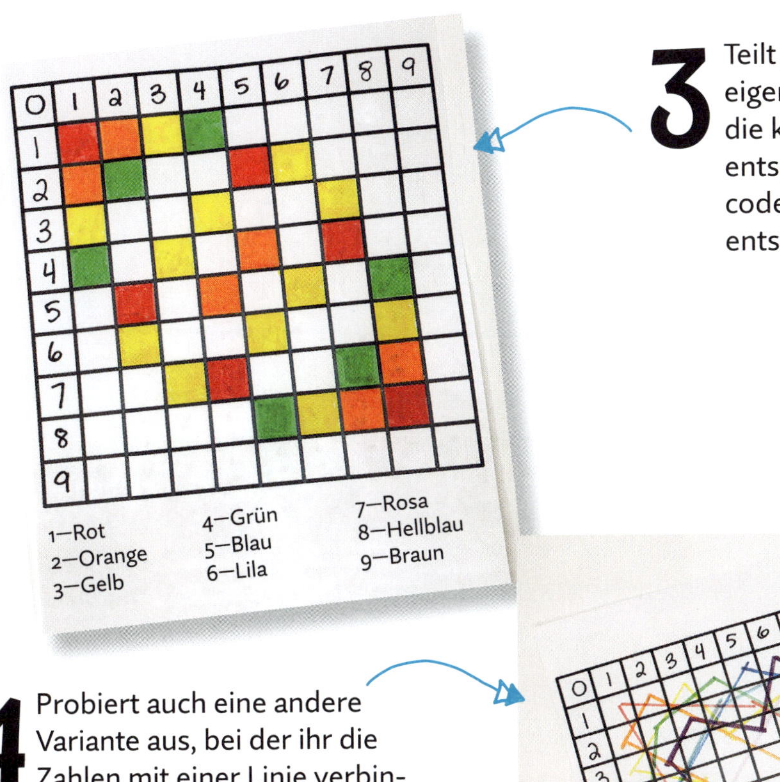

3 Teilt jeder Ziffer eine eigene Farbe zu und malt die kleinen Quadrate entsprechend eurem Farbcode aus. Welche Muster entstehen dabei?

4 Probiert auch eine andere Variante aus, bei der ihr die Zahlen mit einer Linie verbindet, z. B. alle Einsen mit einer roten Linie, alle Zweien mit einer orangefarbenen usw. Daraus ergeben sich coole geometrische Muster!

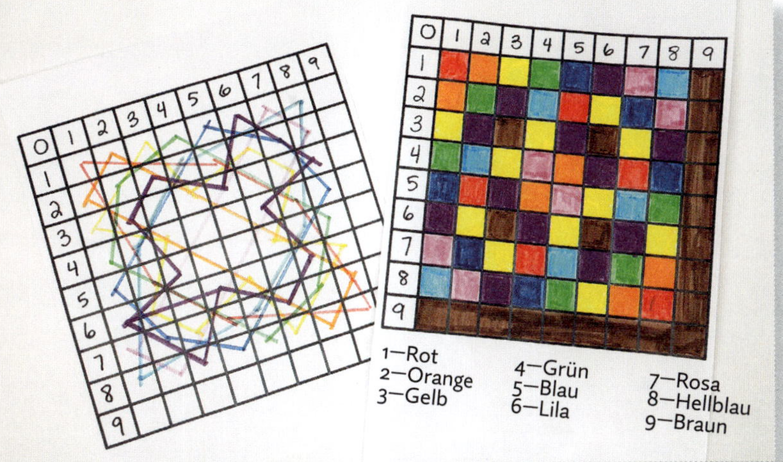

Ausmalen mit Brüchen und Prozentsätzen

Ihr könnt das Quadrat auch anders nutzen, nämlich um damit Muster und Bilder zu gestalten und auszurechnen, welchen Prozentsatz oder Bruch die einzelnen Farben ausmachen. Dafür habt ihr zwei Möglichkeiten: (1) Ihr gestaltet erst und rechnet dann. (2) Ihr sucht euch einen bestimmten Prozentsatz aus und gestaltet euer Muster auf Basis dieses Prozentsatzes. Ein Rechenbeispiel: Sind 25 der kleineren Quadrate rot, könnte man sagen, dass das Muster zu 25 % oder einem Viertel (¼) aus der Farbe Rot besteht.

Symmetrische Kunst

Das Wort »Symmetrie« stammt aus dem Griechischen und bedeutet so viel wie Gleichmaß – *syn* = »gleich« und *metros* = »Maß«. Etwas ist symmetrisch, wenn es aus identischen Teilen besteht, die um einen zentralen Punkt herum angeordnet sind oder sich an einer zentralen Linie gegenüberliegen. Die Symmetrie kommt in der Kunst, im Bau und in der Mathematik vor. Unser Gehirn liebt sie und sucht sie in allem, was wir anblicken. Die Projekte in diesem Kapitel drehen sich um dieses Konzept, wobei es zwei Hauptarten der Symmetrie gibt: die Spiegelsymmetrie und die Rotationssymmetrie. Wir beschäftigen uns mit beidem.

Rotationssymmetrie

Rotationssymmetrie ist gegeben, wenn sich etwas Symmetrisches um einen zentralen Punkt herum dreht, viele identische Teile also von diesem zentralen Punkt ausgehen. Beispiele dafür wären ein Seestern, bestimmte Blumen oder eine Schneeflocke. Hier erschafft ihr euch eure eigene Symmetrie, indem ihr Formen dreht.

Die Mathematik dahinter: *Geometrie, Symmetrie*

Material
- Pappe
- Schere
- Reißzwecken
- Papier oder Cardstock
- Bleistift
- Stifte zum Ausmalen

1 Schneidet einige kleine Formen aus Pappe aus und befestigt die Formen mithilfe von Reißzwecken in der Mitte eines Blatts Papier oder eines Cardstocks.

2 Malt die Umrisse der Formen nach. Dreht die Formen anschließend und zeichnet die Umrisse erneut nach. Fahrt so lange fort, bis ihr wieder am Ausgangspunkt angekommen seid.

3 Malt die Formen nach Belieben aus oder verziert sie.

Büroklammernkunst

Aus ganz einfachen Gegenständen wie z. B. Büroklammern kann man erstaunlich schöne symmetrische Muster erzeugen. Dieses Projekt eignet sich ideal für einen verregneten Tag – plündert den Schreibtisch eurer Eltern, und los geht's! Wenn ihr das Muster unten gelegt habt, könnt ihr euch eigene ausdenken.

Die Mathematik dahinter: *Zählen, Symmetrie*

Material

große und kleine Büroklammern in verschiedenen Farben

kleiner Drahtring, z. B. von einem Schlüsselanhänger

Pinnwand und Pinnadeln (optional)

1 Fädelt zehn Riesenbüroklammern auf einen kleinen Drahtring. Überlegt euch dafür ein Farbmuster, das sieht hübscher aus.

2 Befestigt am Ende jeder Riesenbüroklammer zwei weitere in derselben Farbe.

3 Verwandelt die Paare in die Form eines Diamanten, indem ihr zwei weitere Büroklammern hinzufügt. Verbindet die Diamantformen miteinander.

4 Fügt an jedes Ende eine weitere Diamantform an. Eine einzelne Büroklammer bildet das Ende jeder Kette.

5 Damit nichts verrutscht, könnt ihr eure »Diamanten« an eine Pinnwand heften. Anschließend könnt ihr euch das kreative Bild an die Wand hängen!

Mandalas

Unter Mandala versteht man ein kreisförmiges Muster, das im Hinduismus und Buddhismus als Symbol für Ganzheit und den Kreislauf des Lebens, letztlich für das ganze Universum steht. Mandalas gibt es schon seit Tausenden von Jahren in den verschiedensten Ausprägungen. Häufig wiederholen sich Formen und Farben, die in der Mitte des Kreises beginnen und sich von dort nach außen ziehen. Bei diesem Projekt malt ihr eigene wunderschöne Mandalas, die spiegel- oder auch rotationssymmetrisch sein können.

Die Mathematik dahinter: *Geometrie, Symmetrie*

Material
Papier
Zirkel
Bleistift
Lineal
Stifte zum Ausmalen

1 Zeichnet mithilfe eines Zirkels einen großen Kreis mittig auf ein Blatt Papier. Zeichnet dann innerhalb des Kreises weitere konzentrische Kreise. Anschließend teilt ihr den Kreis mithilfe eines Lineals in mehrere gleich große Segmente auf. Füllt die Segmente nun mit sich wiederholenden Mustern, wobei ihr immer in der Mitte des Kreises beginnt.

2 Fahrt mit den Mustern so lange fort, bis sie den gesamten Kreis ausfüllen.

3 Malt die Muster aus.

4 Wenn ihr fertig seid, könnt ihr euch ein Mandala mit neuen Mustern ausdenken – die Möglichkeiten sind endlos!

Kirigami

Kirigami ähnelt dem Origami, nur dass das Papier dabei nicht nur gefaltet, sondern auch geschnitten wird. Ausdruck und Kunst stammen aus dem Japanischen, *kiri* bedeutet schneiden, *kami* bedeutet Papier. Bei diesem Projekt könnt ihr aus einfachen Formen dreidimensionale Pop-outs zaubern.

Die Mathematik dahinter: *konzentrische Kreise, Geometrie, parallele Linien, senkrechte Linien*

Material
Papier
Schablonen zum Ausschneiden (siehe Kopiervorlagen S. 103–105)
Schere
Faden oder Schnur

1 Kopiert euch eine der Vorlagen aus diesem Buch, idealerweise auf farbiges Papier.

2 Faltet das Papier senkrecht in der Mitte, an der Stelle, an der alle Linien beginnen und enden. Dabei entsteht eine mittlere Trennlinie. Faltet das Blatt Papier wieder auseinander. Faltet es anschließend waagerecht so, dass die Linien links genau übereinanderliegen.

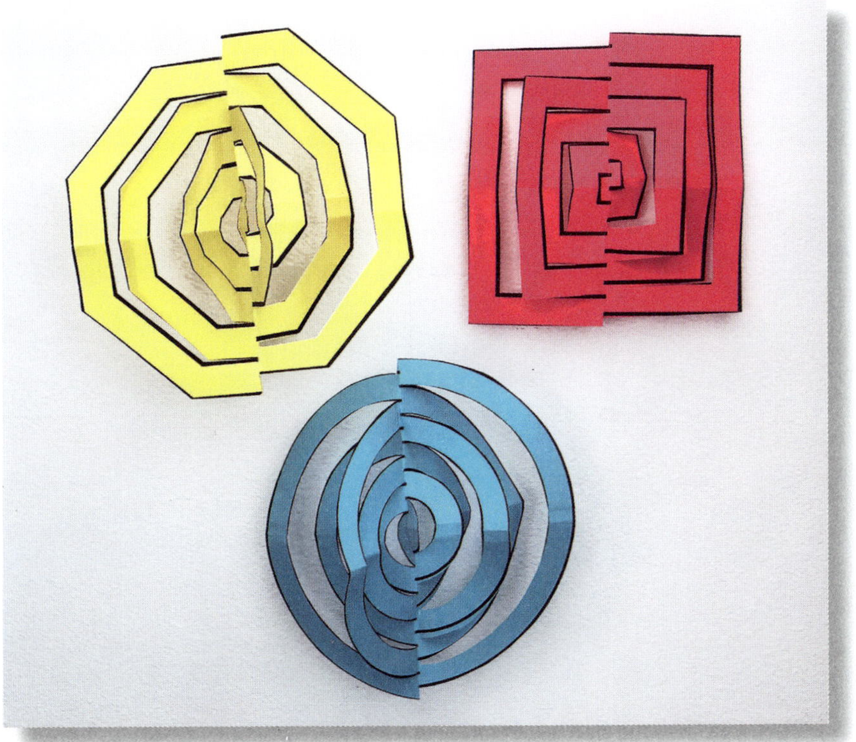

3 Schneidet an den Linien links entlang. Faltet das Papier wieder auseinander. Faltet es erneut waagerecht so, dass nun die Linien rechts genau übereinanderliegen. Schneidet auch an diesen Linien entlang.

4 Faltet das Papier auseinander. Faltet dann jeden Abschnitt abwechselnd nach vorn und hinten. Wenn ihr fertig seid, könnt ihr euch euer Kirigami an einer Schnur als Deko aufhängen.

Bunte Fensterrose

Fensterrosen sind wunderschöne Buntglasfenster, die vor allem in der gotischen Architektur vorkommen – ihr findet sie in vielen Kirchen überall auf der Welt. Meist sind die Fenster kreisrund und in symmetrische Abschnitte unterteilt. Dieses Projekt verbindet die Kunst der Fensterrose durch Formen und Symmetrie mit der Mathematik.

Material
- schwarzes Bastelpapier
- Schere
- buntes Seidenpapier
- Klebestift

Die Mathematik dahinter: *Geometrie, Form, Symmetrie*

1 Faltet ein schwarzes Blatt Papier von rechts oben nach links unten so, dass die gefaltete Fläche auseinandergefaltet ein Quadrat ergeben würde. Schneidet den freien Streifen unten ab.

2 Lasst das Papier gefaltet und faltet es nun noch einmal in der Mitte, sodass ein halb so großes Dreieck entsteht. Nun klappt die linke kurze Kante nach rechts, und zwar so weit, bis noch etwa ein Drittel der unteren langen Kante frei liegt. Zuletzt klappt die rechte kurze Kante nach links über das gefaltete Papierteil.

3 Schneidet das Papier am unteren Rand gerundet ab.

4 Schneidet nun kleine Muster aus, wie beim Basteln einer Schneeflocke aus Papier. Faltet das Papier anschließend vorsichtig auseinander.

5 Schneidet aus dem Seidenpapier kleine Stücke aus, die ihr anschließend über die Löcher klebt. Legt euer Farbmuster dabei symmetrisch an.

6 So sieht die Fensterrose dann von vorn aus.

Hektografiekunst

Die Druckmethode der Hektografie wurde im späten 19. Jahrhundert entwickelt. Die Vorsilbe »Hekto« stammt aus dem Griechischen und bedeutet Hundert – bei dem Verfahren kann ein Muster mit derselben Farbe bis zu 100 Mal gedruckt werden. Lasst eurer Fantasie freien Lauf und erschafft Kunst aus vielen verschiedenen Mustern. Sind die Muster symmetrisch, kommt auch Mathematik ins Spiel.

Die Mathematik dahinter: *Maß, Form, Symmetrie*

Material

3 Päckchen weiße Gelatine à 20 g

¼ l Glyzerin

große Schüssel

Rührlöffel

rechteckige Backform, ca. 23 × 33 cm

abwaschbare Farbe

Farbwalze

Schnur, Papierschnipsel, Blätter o. Ä. für die Muster

Papier

1 Für die Druckplatte verrührt ihr in einer großen Schüssel mit einem Rührlöffel die Gelatine und das Glyzerin. Fügt ¼ Liter sehr heißes Wasser hinzu und rührt so lange weiter, bis alles gut vermengt ist. Gießt die Mischung in die Backform und lasst sie mindestens 2 Stunden lang im Kühlschrank fest werden.

2 Ist die Gelatine fest, gebt ihr Farbe darauf und verteilt diese vorsichtig mit einer Farbwalze.

3 Legt nun Schnüre, Papierschnipsel, Blätter o. Ä. so auf die Farbe, dass ein Muster entsteht. Mathematisch wird es, wenn ihr dabei symmetrische Muster legt!

4 Legt dann ein Blatt Papier auf euer Muster und presst es vorsichtig auf die Farbe. Entfernt das Papier wieder.

5 Legt es beiseite und lasst die Farbe trocknen.

4 Kunst und Geometrie

Dieses Gespann ähnelt einander in vielerlei Hinsicht. Die meisten Menschen denken, Kunst und Mathematik hätten nichts gemein, doch da irren sie: Die Geometrie beschäftigt sich mit Maßen, Linien, Winkeln, Formen und Oberflächen – Aspekte, die auch in der Kunst eine wichtige Rolle spielen. Lernt man zeichnen, erfährt man auch viel über Geometrie, da zahlreiche ihrer Formeln auch in der Kunst Anwendung finden.

Wir sind auf der Welt regelrecht von Geometrie umgeben. Ob Architektur und Bau, Grafikdesign oder Animation, Straßenbau oder Möbelherstellung – überall ist Geometrie zu finden. Selbst Sportplätze sind geometrisch angelegt! Es ist also wichtig, sich in diesem Zweig der Mathematik etwas auszukennen. In diesem Kapitel erfahrt ihr, wie ihr Geometrie und Kunst verbinden könnt.

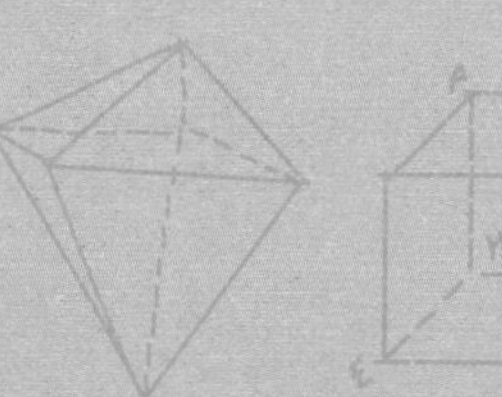

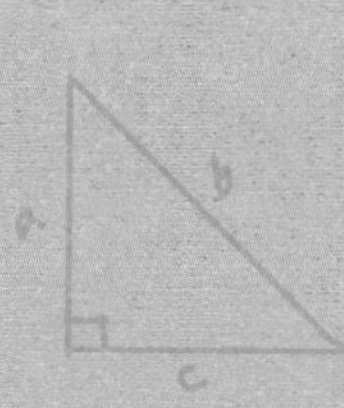

Spiralenquadrate

In diesem Projekt geht das exakte Ausmessen einher mit der Schaffung verschiedener Formen. So entstehen ganz außergewöhnliche Muster. Um eure eigene Spiralenquadratkunst zu erschaffen, braucht ihr nichts weiter als Stapel von Quadraten, die immer kleiner werden, und etwas Klebstoff.

Die Mathematik dahinter: *Geometrie, Maß, Form*

Material
Bleistift
Lineal
kariertes Papier
buntes Papier
Schere
Klebstoff

1 Zeichnet zehn Quadrate, die immer größer werden, jedes ist 1 Zentimeter größer als das vorhergehende. Ganz einfach geht das mit kariertem Papier: Die darauf gezeichneten Quadrate dienen als Schablonen zum Ausschneiden.

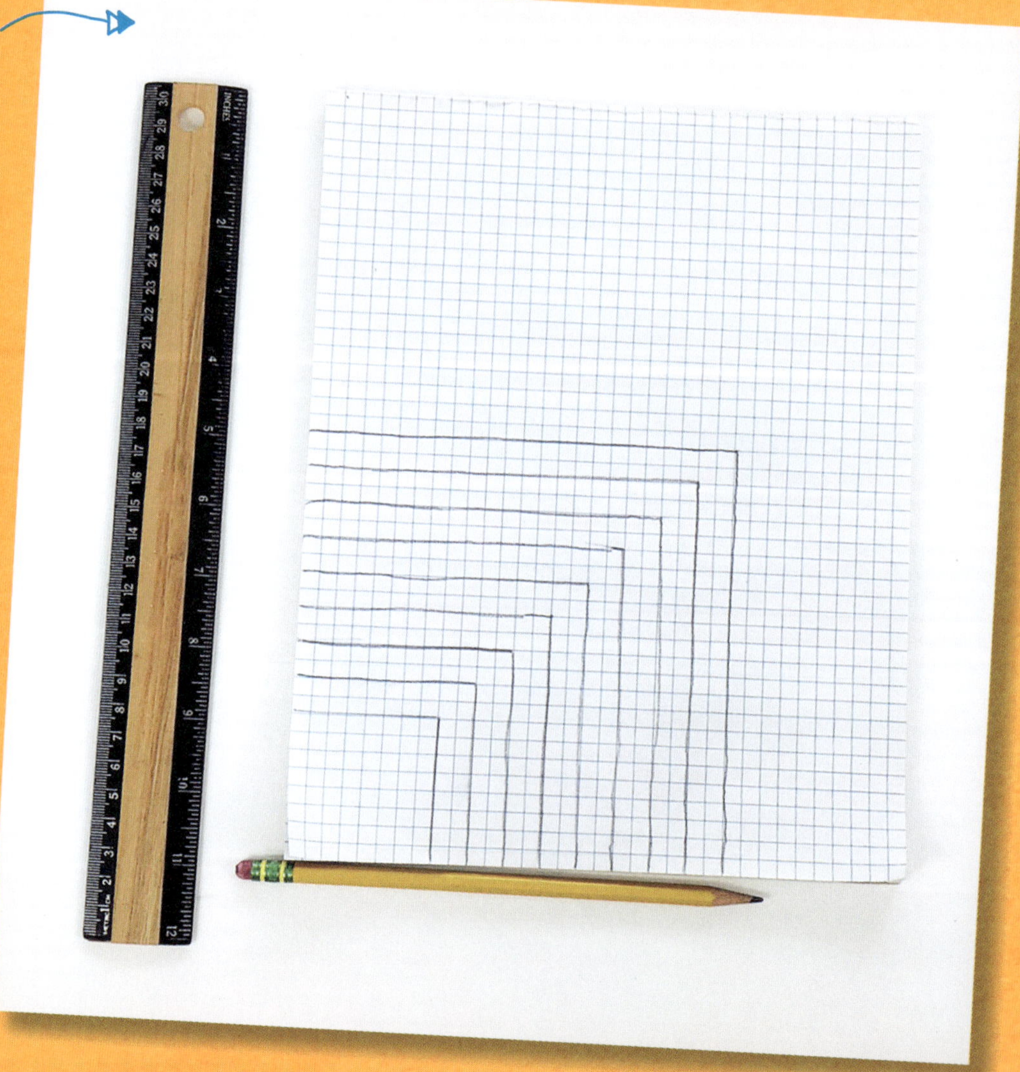

Zum Ausprobieren

Probiert dieses Projekt auch mit anderen Formen aus, nicht nur mit Quadraten. Funktionieren sie ebenso gut?

2 Schneidet die Quadrate nun aus buntem Papier aus und stapelt sie verschieden aufeinander, um geometrische Muster zu erzeugen. Noch interessanter wird das mit vielen unterschiedlichen Farben.

3 Klebt die Quadrate zusammen, wenn euch ein Entwurf gut gefällt.

Kunst mit Polygonen

Ein Polygon oder Vieleck ist eine Figur mit mindestens drei geraden Seiten. Sind seine Seiten gleich lang, sind auch seine Innenwinkel gleich groß: Hier spricht man von regelmäßigen Polygonen. Mit solchen beschäftigen wir uns in diesem Projekt: mit einem Dreieck, einem Viereck, einem Pentagon oder Fünfeck, einem Hexagon oder Sechseck, einem Heptagon oder Siebeneck, einem Oktagon oder Achteck, einem Nonagon oder Neuneck und einem Dekagon oder Zehneck.

Material
Papier
Lineal
Bleistift
Buntstifte oder anderes Material zum Ausmalen
Schere
Tacker (optional)
Winkelmesser

Die Mathematik dahinter: *Winkel, Fläche, Geometrie, Maß, Umfang*

1 Zeichnet Polygone mit drei bis zehn Seiten. Sie sollen alle dieselbe Seitenlänge haben. Auf diese Weise wird das Dreieck das kleinste Polygon, und die Polygone werden mit zunehmender Anzahl der Seiten immer größer werden.

Polygone konstruieren:

- Teilt 360 Grad durch die Anzahl der Ecken eures Polygons; im Beispiel unten ergibt das 360° : 6 = 60°.
- Zeichnet eine beliebig lange Linie, z. B. 3 cm lang.
- Legt am Ende der Linie das Geodreieck an, messt einen (Außen-)Winkel von 60° ab und zeichnet in diesem Winkel die nächste Linie von 3 cm Länge.
- Fahrt so fort, bis ihr den Ausgangspunkt erreicht.

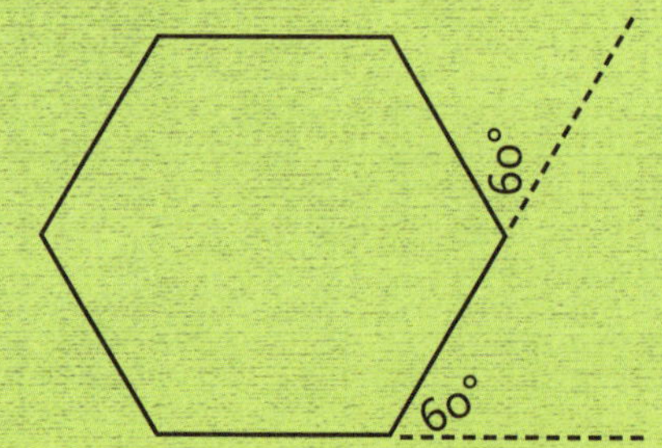

2 Malt die Polygone in verschiedenen Farben an und schneidet sie aus.

3 Stapelt die Polygone aufeinander, beginnt dabei mit dem größten. Wenn ihr wollt, könnt ihr sie noch aneinandertackern.

Fläche des Polygons berechnen

Zieht von der Mitte zweier Seitenlinien je eine Senkrechte nach innen. Die Kreuzung dieser Linien ist der Mittelpunkt eures Polygons, das ihr nun in Dreiecke aufteilen könnt (Linien zu jeder Ecke zeichnen), deren Fläche man ganz leicht berechnen kann. Zum Schluss müsst ihr die Dreieckflächen nur noch zusammenzählen.

Dreieckspuzzle

Bei diesem farbenfrohen Projekt beginnen wir mit Hexagonen, Sechsecken, die aus jeweils sechs Dreiecken bestehen. Anschließend legen wir die ausgeschnittenen Dreiecke zu einem wahren Regenbogen neuer Formen zusammen. Natürlich kommt dabei auch die Mathematik nicht zu kurz.

Die Mathematik dahinter: *Addition, Geometrie, Multiplikation*

Material

buntes Papier oder weißes Papier und Buntstifte

Sechseckschablone (siehe Kopiervorlage S. 106)

Schere

Kugelschreiber

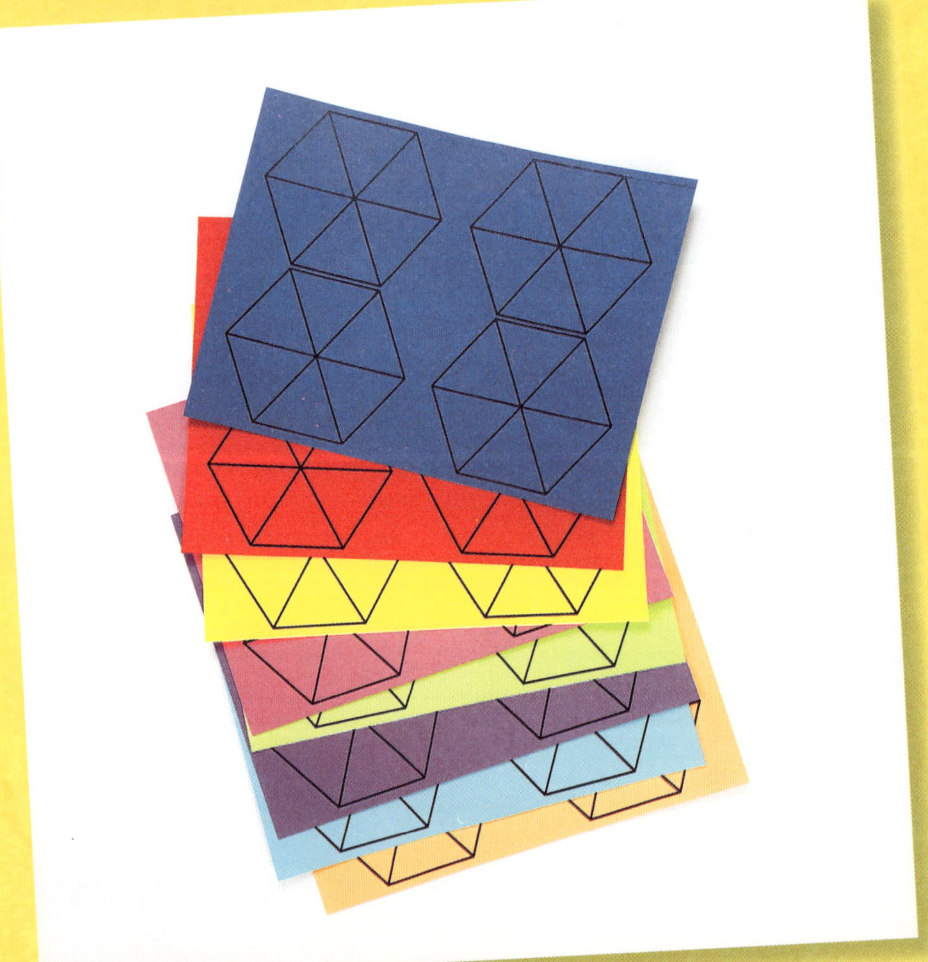

1 Druckt euch die Sechseckschablone mindestens viermal aus, am besten auf buntem Papier. Solltet ihr nur weißes Papier haben, könnt ihr die Sechsecke auch bunt ausmalen.

2 Schneidet die Sechsecke aus.

3 Schneidet die Sechsecke anschließend in Dreiecke. Schreibt Matheaufgaben (z. B. 2 x 2) an den Rand der Dreiecke und die Lösungen (z. B. 4) an den Rand eines anderen Dreiecks. Doppelungen sind kein Problem, sie vergrößern nur die Vielfalt der Puzzlemöglichkeiten.

4 Legt die Dreiecke nun so zusammen, dass die Lösungen zu den Aufgaben passen. Dabei entstehen die verschiedensten Formen. Ihr könnt die Dreiecke aufkleben und euch das Kunstwerk aufheben oder sie später noch einmal zu einem anderen Puzzle zusammenlegen.

3D-Papierfiguren

Dreidimensional (3D) bedeutet, dass ein Gegenstand Höhe, Breite und Tiefe besitzt. Ihn könnt ihr in die Hand nehmen und von allen Seiten betrachten. Und einige dieser Gegenstände können aus Papier gefaltet werden: Kegel, Würfel, Quader, drei-, fünf- und sechsseitiges Prisma sowie die auf einem Quadrat und die auf einem Dreieck basierende Pyramide.

Material

Grundrisse (siehe Kopiervorlagen S. 107–110)

buntes Papier

Schere

Stifte zum Ausmalen (optional)

Klebeband

Die Mathematik dahinter: *Geometrie, Form*

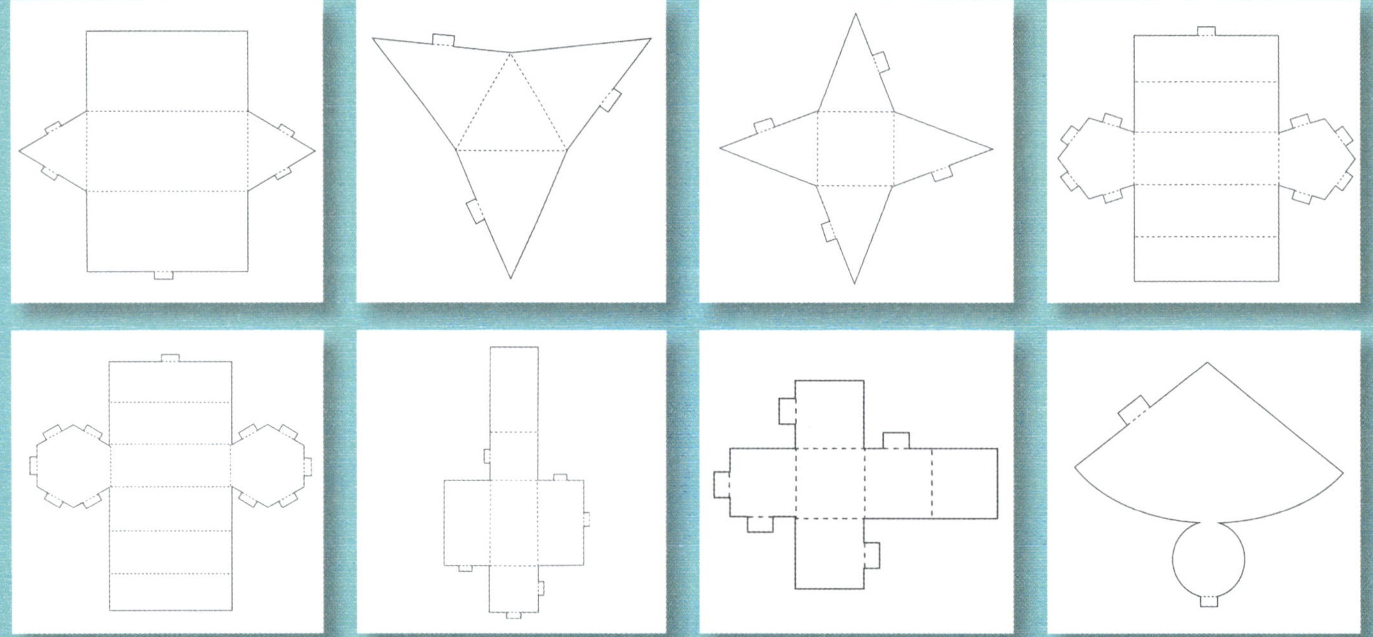

Die größeren Versionen dieser Grundrisse findet ihr auf den Seiten 107 bis 110.

1 Kopiert euch die Grundrisse und schneidet sie aus. Solltet ihr kein buntes Papier haben, könnt ihr auch weißes nehmen und die Grundrisse ausmalen.

2 Faltet die Grundrisse entlang der gestrichelten Linien und klebt sie innen zusammen, um das Klebeband zu verstecken.

Zum Ausprobieren

Echte kleine Mathematiker berechnen Fläche, Umfang und sogar Volumen (Rauminhalt) jeder Figur.

Tetraedrischer Drachen

Ein Tetraeder ist eine dreiseitige Pyramide. Alexander Graham Bell (1847–1922) baute einst einen riesigen, zwölf Meter langen Drachen aus 3393 kleinen Tetraedern. Der von einem Dampfschiff gezogene Drachen konnte sogar einen Menschen in die Luft heben! Unser Drachen besteht aus vier kleinen Tetraedern, die zusammen einen größeren ergeben.

Material

Strohhalme ohne Knick

Schnur

Seidenpapier

Schere

Klebeband

Die Mathematik dahinter: *Geometrie, Maß, Form*

1 Fädelt zwei 60 Zentimeter lange Schnüre durch einen Strohhalm.

2 Fädelt dann auf jedes Schnurende noch einmal einen Strohhalm, sodass sich zwei Dreiecke ergeben, die sich eine Seite teilen. Verknotet die Schnüre an beiden Enden.

3 Schneidet um die Dreiecke herum Seidenpapier aus. Lasst dabei an den äußeren Strohhalmen etwas Seidenpapier überstehen.

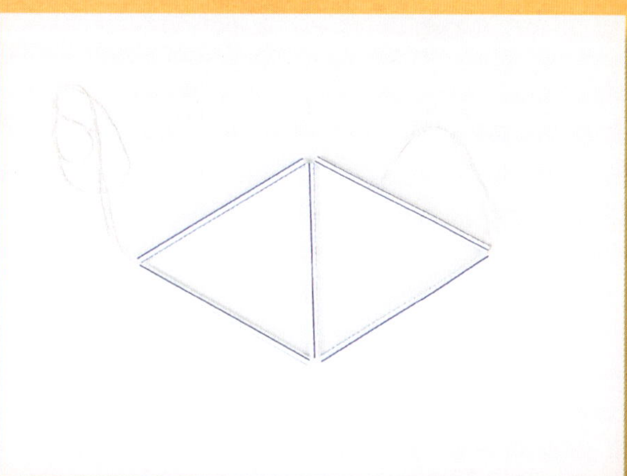

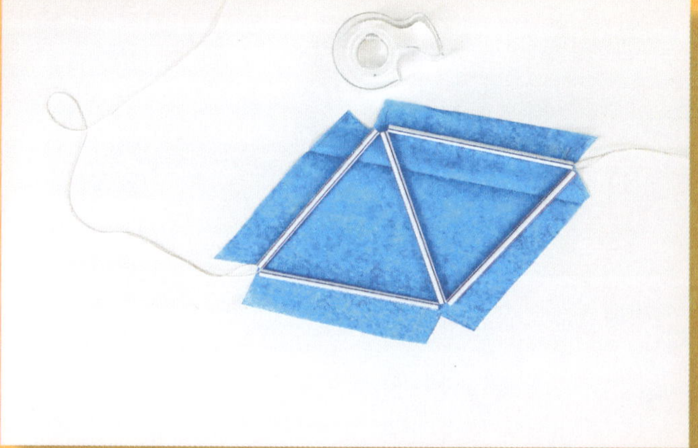

4 Schlagt nun das überstehende Seidenpapier über die Strohhalme und befestigt es mit Klebeband. Mit einem weiteren Strohhalm schließt ihr, wie im Bild gezeigt, die Figur zu einem Tetraeder mit zwei offenen und zwei geschlossenen Seiten.

5 Fertigt auf diese Weise drei weitere Tetraeder an, am besten in verschiedenen Farben.

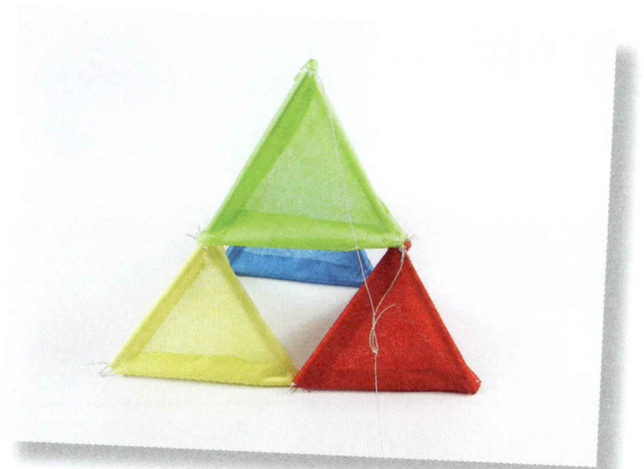

6 Baut die vier Tetraeder zu einem größeren zusammen: drei befinden sich unten, der vierte liegt obenauf. Die geschlossenen Seiten sollen alle in dieselbe Richtung weisen. Bindet die Tetraeder mithilfe der überstehenden Schnüre zusammen.

7 Befestigt zum Schluss noch hinten am Tetraeder eine lange Schnur, an der ihr euren Drachen steigen lassen könnt.

5 Ethno-Mathekunst

Kunst wurde in der gesamten Geschichte der Menschheit überall auf der Welt geschaffen. Die alten Ägypter benutzten sie als Kommunikationsmittel. Und Michelangelos *David* verdankt seine perfekten Proportionen der Mathematik.

Jede Kultur hat ihre ganz eigenen, mitunter uralten Kunsttraditionen. Kunst spielt im Ausdruck der Werte und in den Geschichten der verschiedenen Kulturen und Epochen eine ungeheuer wichtige Rolle. In diesem Kapitel beschäftigen wir uns mit einigen dieser traditionellen Kunstwerke – und natürlich auch mit der Mathematik, die an der Entstehung der Kunstwerke beteiligt war.

Amerikanische Stachelkunst

Die amerikanischen Ureinwohner verwenden die Stacheln des Stachelschweins zum Sticken und als Schmuck. Die Anishinabe etwa sind berühmt für ihre Schachteln aus Birkenrinde und Stachelschweinstacheln. Wir verwenden stattdessen Zahnstocher, um eine ähnliche Kunst zu erschaffen. Der achtstrahlige Stern gilt bei den Sioux als Symbol der Unsterblichkeit und als Verbindung zwischen den Lebenden und den Toten.

Die Mathematik dahinter: *Geometrie, Maß, Symmetrie*

Material

Permanentmarker in verschiedenen Farben

Zahnstocher

Bleistift

Packpapier

Lineal

Klebstoff

1 Malt eine Handvoll Zahnstocher im unteren Viertel bis Drittel in einer jeweils anderen Farbe mit Permanentmarker an. Sie stehen in diesem Projekt für die Stachelschweinstacheln.

2 Zeichnet ein großes Quadrat mittig auf Packpapier. Teilt das Quadrat mithilfe eines Lineals viermal in zwei Hälften, sodass ihr einen achtstrahligen Stern wie abgebildet einzeichnen könnt.

3 Klebt in zwei Segmenten des Sterns die Zahnstocher einer Farbe auf.

4 Wiederholt den Vorgang mit den anderen Farben.

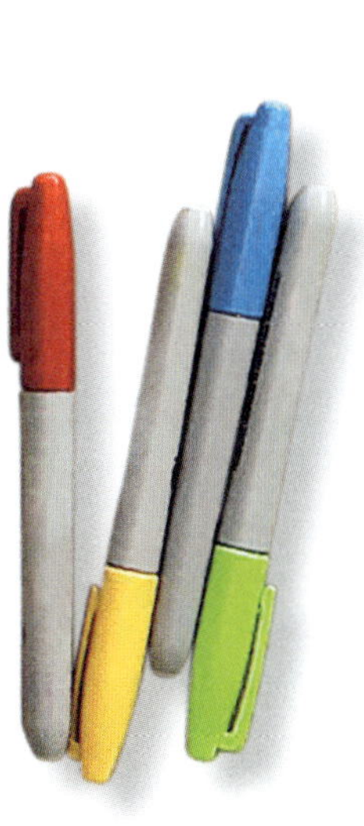

Afrikanische Kente-Muster

Das Wort *kente* bedeutet Korb und stammt vom westafrikanischen Volk der Aschanti aus dem heutigen Ghana. Es bezieht sich auf bunten Stoff, der zunächst aus den Fasern einer Raphia-Palme und für die Mitglieder des Königshauses später aus Seide gefertigt wurde. Heute weist Kente-Stoff eine Vielfalt an Farben und Mustern auf, und sie alle haben eine Bedeutung oder erzählen eine Geschichte. Lasst euch inspirieren!

Die Mathematik dahinter: *Geometrie, Muster, Symmetrie*

Material
Pappe
Schere
Klebstoff
Pfeifenreiniger
Moosgummi
Farben
altes Backblech
großes Blatt Papier

1 Schneidet die Pappe in Quadrate, die ihr als Stempel benutzt.

2 Um verschiedene Oberflächenstrukturen zu erzeugen, könnt ihr die Quadrate mit Moosgummifiguren bekleben oder mit Pfeifenreinigern umwickeln.

3 Gebt eine kleine Menge verschiedener Farben auf das Backblech und verteilt die Farben ein wenig. Taucht die Stempel in die Farbe, jedes Muster bekommt dabei seine eigene. Drückt die Stempel anschließend in einem bestimmten Muster auf das Papier.

4 Fahrt so fort, bis ihr das gesamte Papier ausgefüllt habt.

Zum Ausprobieren

Probiert auch andere tolle Muster aus Pappe, Moosgummi und Pfeifenreinigern aus! Eurer Fantasie sind dabei keine Grenzen gesetzt.

Buddhistisches Sandpendel

Die buddhistischen Mönche kreieren aus farbigem Sand wunderschöne und kunstvolle Muster. Zuerst zeichnen sie das Muster auf, dann bedecken sie es mithilfe kleiner Röhrchen und Trichter mit Sand. Jedes Sandbild steht für das Universum und die Lehren ihres Glaubens. Die Anfertigung der Bilder ist ein heiliges Ritual und eine Form der Meditation. Bei diesem Projekt gehen wir zwar anders vor, lassen uns aber dennoch von der Arbeit der Mönche inspirieren.

Die Mathematik dahinter: *Zählen, Symmetrie, Zeit*

Material

- leere Wasserflasche mit dem Verschluss einer Sporttrinkflasche
- Lochzange
- Schnur
- Kamerastativ oder 3 Holzstäbe
- Papier
- farbiger Sand

1 Schneidet 5 Zentimeter Boden von einer leeren Wasserflasche ab und stanzt mit einer Lochzange drei Löcher gleichmäßig verteilt in den unteren Rand der abgeschnittenen Flasche. Fädelt drei Schnüre durch die Löcher und befestigt sie am Rand.

2 Baut euch aus drei Holzstäben ein Stativ oder benutzt ein vorhandenes. Stellt das Stativ auf das Papier und befestigt das Flaschenpendel am Stativ.

3 Füllt farbigen Sand in die Flasche. Schichtet die Farben übereinander, dann wird euer Bild bunter!

4 Öffnet die Flasche und setzt das Pendel in Bewegung.

5 Beobachtet genau, wie das Pendel schwingt und welche Muster dabei entstehen. Messt, wie lange es dauert, bis die Flasche leer ist. Wie lange dauern die einzelnen Pendelausschläge?

Spanische Fliesenkunst

Spanische Fliesen, die sogenannten *azulejos*, sind nicht nur wegen ihrer Muster, sondern auch für ihre Funktion berühmt. Man findet sie in Kirchen, Palästen und Schulen oder auch bei den Menschen zu Hause. Ihr Name stammt von dem Wort für polierten Stein ab, inspiriert sind sie von den Mosaiken in Rom und den arabischen Ländern. Meist ergeben die Fliesen zusammen fortlaufende Linien, geometrische Formen oder florale Motive. Hier bastelt ihr eure eigenen »Fliesen« aus Holzwürfeln.

Die Mathematik dahinter: *Geometrie, Symmetrie*

Material

9 Holzwürfel

Farbe

Abbildungen der spanischen Fliesen

1 Entwerft ein Muster für eine der sechs Seiten der Würfel und bemalt jeweils eine Seite der neun Würfel damit. Lasst euch dabei von den spanischen Fliesen inspirieren.

2 Denkt euch nun auch für die restlichen fünf Seiten der Würfel ein jeweils anderes Muster aus.

3 Bemalt alle Würfel mit diesen Mustern. Am Ende habt ihr also neun Würfel mit sechs verschiedenen Mustern darauf.

4 Legt nun die Würfel zu einem Quadrat zusammen und spielt dabei mit den verschiedenen Mustern.

Das kretische Labyrinth

Vielleicht habt ihr schon etwas von griechischer Mythologie gehört und kennt die Geschichte vom Minotauros und seinem Labyrinth. Ein Labyrinth ist wie ein Irrgarten, nur dass in Ersterem nur ein Weg ohne Verzweigungen vom Eingang bis zur Mitte führt. In einem traditionellen Labyrinth wechselt der Suchende auf seinem Weg durch acht Ringe mit dem Muster links–rechts–nach außen–nach innen neunmal die Richtung. Doch keine Sorge: Ein Labyrinth zu zeichnen ist einfacher, als ihr denkt!

Die Mathematik dahinter: *Zählen, Muster*

Material
- Papier
- Bleistift
- Modelliermasse
- Murmel oder kleine Kugel
- kleines Modelliermesser (optional)
- Backofen
- Acrylfarbe
- Glanzlack (optional)

1 Zeichnet das Labyrinth zuerst auf. Beginnt mit einem X aus neun Punkten. Zeichnet dann eine senkrechte und eine waagerechte Linie durch den mitteleren Punkt.

2 Zeichnet dann wie abgebildet »Ecken« um die vier äußersten Punkte.

3 Zeichnet nun eine Kurve vom oberen Ende der senkrechten Linie zur Ecke rechts.

4 Verbindet die obere Ecke links mit dem Punkt oben rechts und den Punkt oben links durch eine Kurve mit der Ecke rechts. Zeichnet weitere Kurven von links nach rechts, bis das Muster fertig ist.

5 Bildet dieses Muster nun mit Modelliermasse nach. Dazu braucht ihr eine Platte, die rund 1¼ Zentimeter dick ist und einen Durchmesser von 20 bis 25 Zentimetern hat. Schneidet das Muster in die Platte. Am einfachsten geht das mit einer Murmel, ihr könnt aber auch ein kleines Modelliermesser dazu benutzen. Lasst die Masse dann im Ofen trocknen und fest werden (siehe Packungsanleitung).

Zum Ausprobieren

Entdeckt die mathematischen Muster in diesem Labyrinth. Beziffert die Pfade von oben nach unten (oder außen nach innen) von 0 bis 8. Wenn ihr nun durch das Labyrinth geht, folgt ihr der Sequenz: 0, 3, 2, 1, 4, 7, 6, 5, 8. Könnt ihr darin ein Muster erkennen? Könnt ihr mit derselben Methode eine andere Art von Labyrinth zeichnen?

6 Zum Schluss könnt ihr euer Labyrinth noch anmalen und, falls gewünscht, mit Glanzlack überziehen. Folgt dem Labyrinth mit eurem Finger oder der Murmel.

Der achtstrahlige Stern des Islam

Der achtstrahlige Stern, auch Achtstern oder Oktagramm genannt, tauchte in der islamischen Kunst erstmals im Mittelalter auf. Auf Arabisch heißt er *Rub al-hizb*. Im Koran, dem heiligen Buch des Islam, markiert er das Ende der einzelnen Kapitel, und auch in Moscheen rund um den Globus taucht das Motiv häufig auf. Zeichnen kann man den achtstrahligen Stern relativ leicht: mithilfe zweier gleich großer Quadrate, von denen eines um 45° gedreht wird.

Material
- ein großes Blatt weißes Papier
- Bleistift
- Schere
- Klebstoff (optional)
- Ölkreide oder andere Farbe

Die Mathematik dahinter: *Geometrie, Symmetrie*

1 Fertigt zuerst eine Schablone an. Schneidet zwei gleich große Quadrate aus und legt sie übereinander, wobei eines der Quadrate um 45° gedreht wird. Ihr könnt diese nun zusammenkleben oder die Umrisse nachzeichnen, um die Schablone zu erhalten.

2 Zeichnet den Stern nun immer wieder auf ein Blatt Papier. Lasst dabei zwischen den Sternen einen immer gleich breiten, X-förmigen Platz frei (siehe Abbildung). Fahrt fort, bis das Papier ganz mit dem Muster bedeckt ist.

3 Malt das Muster aus: Die Sterne bekommen ein Muster, die X-förmigen Zwischenräume ein anderes.

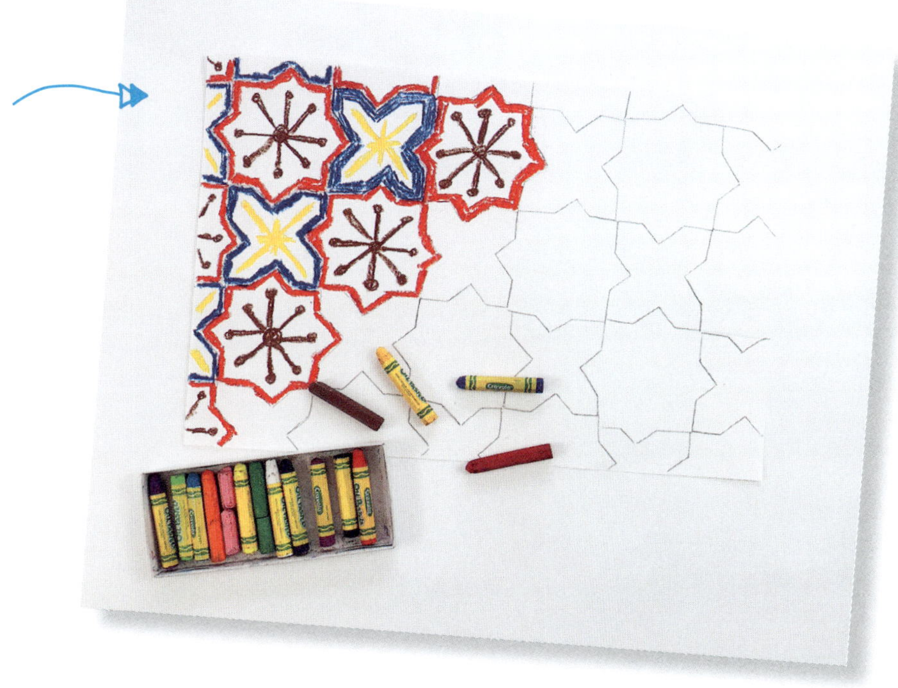

4 Euer Kunstwerk ist fertig, wenn alle Sterne und Zwischenräume auf dem Papier ausgemalt sind.

Ihr könnt euch den Stern auch aus zwei quadratischen Post-its basteln.

Yin und Yang in der Kunst

Die alte chinesische Religion und Philosophie kennt Yin und Yang schon seit etwa 200 v. Chr. Die dunklen und hellen Anteile des Yin-Yang-Symbols stehen für Gegensätze, die einander ergänzen. Sie nehmen gleich große Flächen ein. In der chinesischen Philosophie sagt man, dass durch beides zusammen Ausgewogenheit entsteht. Yin repräsentiert das Dunkle, Kalte, Weibliche und Weiche, auch Zahlen sind dem Yin zugeordnet. Yang repräsentiert das Helle, Warme, Männliche, Harte – und ungerade Zahlen.

Die Mathematik dahinter: *Geometrie, Form*

Material
Papier
Zirkel
Bleistift
Lineal
Radiergummi
Filzstifte

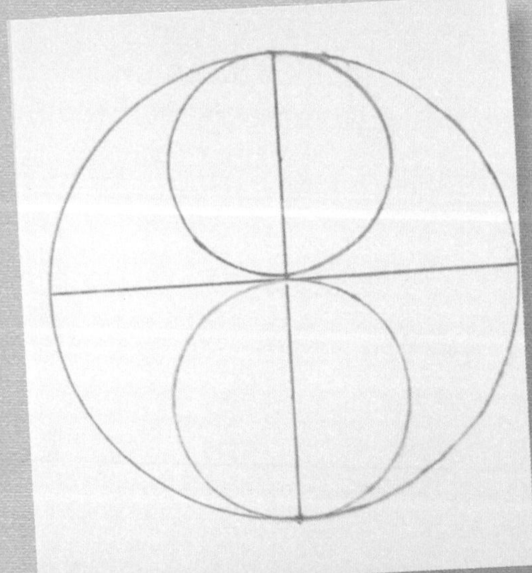

1 Zeichnet mithilfe eines Zirkels einen großen Kreis mittig auf ein Blatt Papier. Halbiert den Kreis zweimal durch eine senkrechte und eine waagerechte Linie. Zeichnet in die obere und untere Hälfte des großen Kreises jeweils einen kleineren Kreis. Drückt dabei nicht zu sehr auf, viele der Linien werden später ausradiert.

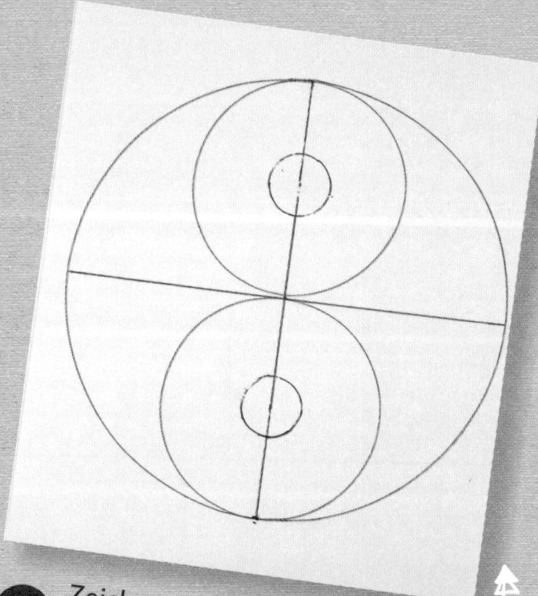

2 Zeichnet in die Mitte der kleineren Kreise jeweils einen noch kleineren Kreis.

3 Radiert die geraden Linien und von den mittleren Kreisen jeweils eine Hälfte aus: beim oberen Kreis die rechte, beim unteren die linke Hälfte.

4 Verziert das nun entstandene Yin-Yang-Symbol, macht z. B. zwei Wale daraus.

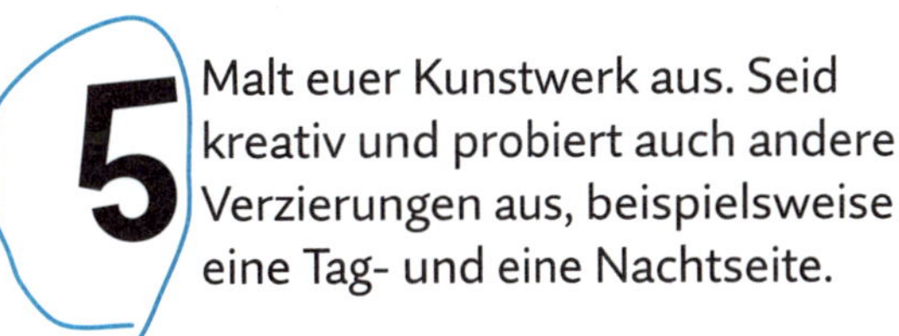

5 Malt euer Kunstwerk aus. Seid kreativ und probiert auch andere Verzierungen aus, beispielsweise eine Tag- und eine Nachtseite.

Zum Ausprobieren

Versucht auch einmal, das Yin-Yang-Symbol freihändig, also ohne Zirkel zu zeichnen!

6 Mathekunst zum Essen

Eine meiner Lieblingsmethoden, die Mathematik näher zu erkunden, ist das Backen. Wer lernen will, zu kochen oder zu backen, muss sich mit Brüchen sowie mit Addition und Subtraktion zum Verdoppeln oder Halbieren von Rezepten auskennen. Zudem sollte er etwas von Temperaturen und Thermometern verstehen. Darüber hinaus ist das Kochen und Backen aber auch eine Kunstform, bei der viel Schönes entsteht.

Wer mit allen Sinnen lernt, lernt schneller und behält das Gelernte länger. Mathematik zum Essen – was will man mehr?

Geometrische Kekse

Lernen macht viel mehr Spaß, wenn es mit Essen verbunden ist, insbesondere mit Keksen! Schon das Backen ist aufregend, und wenn man die Kekse, nachdem man sie zu geometrischen Mustern zusammengelegt hat, auch noch essen kann – was will man dann mehr?

Die Mathematik dahinter: *Zählen, Brüche, Geometrie, Maß, Muster, Formen, räumliches Vorstellungsvermögen*

1 Vermengt Butter und Zucker in einer großen Schüssel, am besten mit dem elektrischen Handrührgerät. Fügt nacheinander die restlichen Kekszutaten hinzu und verrührt alles gut. Wickelt den Teig in Klarsichtfolie und legt ihn für etwa 1 Stunde in den Kühlschrank.

2 Heizt den Backofen auf 180 °C (Gas Stufe 4) vor. Rollt den Teig mithilfe eines Nudelholzes etwa 6 Millimeter dick aus. Stecht anschließend geometrische Formen aus dem Teig aus und legt diese auf ein ungefettetes Backblech.

Zutaten

Für die Kekse:

- 225 g Butter
- 200 g Zucker
- 375 g Mehl
- 1 Ei
- ¾ TL Salz
- 1½ TL Vanilleextrakt
- 1 TL Backpulver
- 1 EL Milch
- Ausstecher in geometrischen Formen (Quadrat, Dreieck, Raute, Sechseck)

Für die Glasur:

- 900 g Puderzucker
- 180 ml Milch oder Wasser
- 180 g Maissirup
- 2 TL Vanilleextrakt
- Lebensmittelfarbe in Gelform

3 Backt die Kekse 8 bis 10 Minuten im Ofen und lasst sie danach 5 Minuten auf dem Blech abkühlen. Legt sie anschließend auf Kuchengitter und lasst sie vollständig abkühlen.

4 Für die Glasur vermischt ihr Zucker und Milch oder Wasser auf niedriger Stufe mit dem elektrischen Handrührgerät. Rührt Maissirup und Vanille-extrakt unter und teilt die Mischung auf fünf kleine Schüsseln auf. Färbt die Glasur dann mit fünf verschiedenen Farben.

Achtung

Holt euch Hilfe bei einem Erwachsenen, wenn ihr noch nicht allzu viel Backerfahrung habt.

5 Legt das Kuchengitter auf ein tiefes Backblech und begießt oder bepinselt die Kekse mit Glasur. Lasst die Glasur vollständig trocknen, das dauert etwa 12 Stunden.

6 Legt die Kekse zu verschiedenen geometrischen Mustern zusammen. Nun wart ihr aber wirklich geduldig – jetzt heißt es: Nichts wie weg mit den leckeren Keksen!

Bruchrechnen mit Waffeln

Wusstet ihr, dass man mit Waffeln ausgezeichnet bruchrechnen lernen kann? Da sie schon in Abschnitte unterteilt sind, geht das ganz leicht! Bei diesem leckeren Matheprojekt lernt ihr nicht nur spielend, was Brüche sind, ihr könnt euch auch künstlerisch austoben, indem ihr die Waffelteile mit verschiedenen Toppings verziert.

Die Mathematik dahinter: *Zählen, Brüche, Maß*

Zutaten

2 Eier

420 ml Milch

260 g Mehl

120 ml Pflanzenöl

1 EL Backpulver

1 EL Zucker

¼ TL Salz

1 TL Vanilleextrakt

Antihaft-Kochspray für das Waffeleisen

Toppings, z. B. Beeren, Ahornsirup, Schokotröpfchen, Rosinen, Sahne

1 Verrührt mit einer Gabel oder einem Rührlöffel Eier und Milch in einer großen Schüssel. Fügt Mehl, Öl, Backpulver, Zucker, Salz und Vanilleextrakt hinzu und vermengt alles zu einem glatten Teig.

2 Heizt das Waffeleisen vor und besprüht es mit Antihaft-Kochspray. Backt die Waffeln im heißen Waffeleisen hell goldfarben aus.

So schmecken Hausaufgaben!

Nachdem ihr das Topping auf den Waffeln verteilt und gerechnet habt, dürft ihr euch auch belohnen und die Waffeln essen!

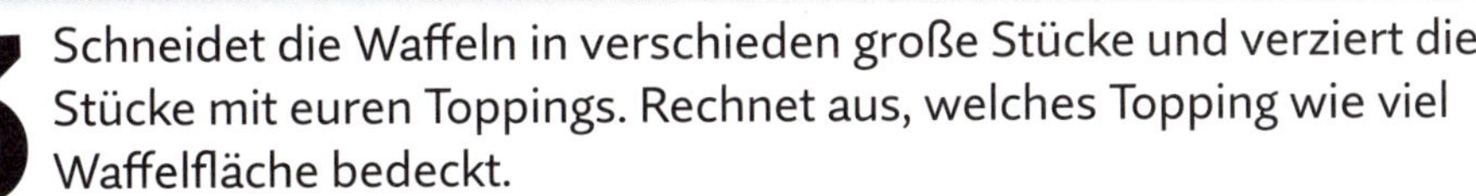

3 Schneidet die Waffeln in verschieden große Stücke und verziert die Stücke mit euren Toppings. Rechnet aus, welches Topping wie viel Waffelfläche bedeckt.

Schokoladenspritzkunst

Wer liebt sie nicht, die Schokolade? Bei diesem Kunstprojekt schmeckt die Schokolade nicht nur, sie sieht auch noch toll aus – spritzig, könnte man sagen!

Die Mathematik dahinter: *Zählen, Brüche, Prozentsätze*

Zutaten

bunte Schokoladenplättchen, z. B. Candy Melts (aus dem Internet)

Schokoladenformen

Schokolade (weiße, Vollmilch, Zartbitter)

1 Bringt die Schokoladenplättchen nach Farben getrennt zum Schmelzen (siehe Packungsanleitung). Wir haben acht verschiedene Farben verwendet, ihr könnt aber auch mehr oder weniger nehmen.

2 Beträufelt mithilfe eines Löffels den Boden der Schokoladenformen nach Lust und Laune mit der bunten Schokolade.

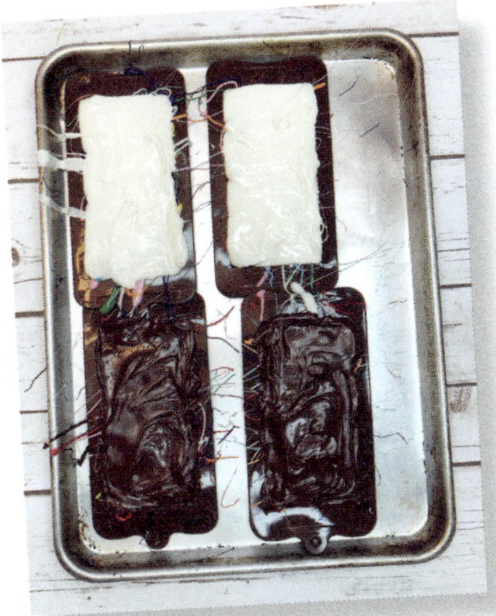

3 Bringt nun die weiße sowie die Vollmilch- und Zartbitterschokolade getrennt zum Schmelzen und gießt sie über die Farbmuster, wobei ihr den Rest der Formen füllt.

4 Lasst die Schokolade abkühlen und löst sie dann vorsichtig aus den Formen.

5 Zählt, auf wie vielen Schokoladenstückchen die einzelnen Farben zu sehen sind. Rechnet die Anteile der verschiedenen Farben in Brüchen und Prozentsätzen aus.

Brotkunst mit Rechenaufgabe

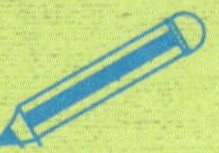

Wer backen will, muss rechnen können. Bei diesem Projekt übt ihr euch in Mathe, indem ihr ein Rezept verdoppelt. Die Brötchen, die wir hier backen, sind außen knusprig und innen weich – einfach köstlich! Ihr könnt sie zu allen möglichen Formen kneten und so wunderschöne Brotkunst erschaffen.

Die Mathematik dahinter: *Addition, Brüche*

Zutaten

1 TL Trockenhefe

420 g Weizenvollkornmehl + etwas mehr zum Bestäuben

2 TL Salz

1 EL Zucker oder Honig

Fett für das Blech

1 Löst die Hefe in 475 Milliliter warmem Wasser auf und lasst sie etwas gehen. Gebt das Mehl, das Salz, die Hefemischung und den Zucker oder den Honig in die große Rührschüssel einer Küchenmaschine und verrührt alles auf mittlerer Stufe, bis sich ein Teig bildet. Bedeckt diesen in der Schüssel mit einem Geschirrtuch und lasst ihn weitere 2 Stunden gehen. Er wird danach noch immer etwas klebrig sein und Blasen werfen.

2 Heizt den Backofen auf 220 °C (Gas Stufe 7) vor. Bestäubt die Arbeitsfläche mit etwas Mehl und teilt den Teig in 12 bis 16 gleich große Stücke. Knetet die Stücke zu verschiedenen kleinen Formen. Ist der Teig zu klebrig, bestäubt ihn ebenfalls mit etwas Mehl. Legt die Teigstücke auf ein leicht gefettetes Blech und lasst sie weitere 20 Minuten gehen. Backt sie danach 15 bis 20 Minuten lang im Ofen, bis sie hell goldfarben sind.

3 Die Brötchen sind so lecker, dass ihr sie mit euren Freunden teilen wollt? Dann verdoppelt das Rezept mithilfe eurer Mathekünste!

Buntglasfenster aus Gelatine

Das Ergebnis dieses Projekts ist nicht nur schön anzusehen, es schmeckt auch noch richtig gut! Und so ganz nebenbei lernt ihr außerdem etwas.

Die Mathematik dahinter: *Zählen, Brüche, Maß*

Zutaten

5–6 Päckchen verschiedenfarbige Gelatine à 85 g

Antihaft-Kochspray

1 Päckchen geschmacksneutrale Gelatine à 20 g

400 ml gesüßte Kondensmilch

1 Bereitet die Gelatine nach Farben getrennt zu (siehe Packungsanleitung). Fettet für jede Farbe eine quadratische oder rechteckige Form mit Kochspray ein. Gießt die Gelatine hinein und lasst sie abkühlen und fest werden.

2 Ist sie fest, schneidet ihr sie in kleine Würfel und gebt die Würfel anschließend vorsichtig in eine größere rechteckige Form (ca. 23 × 33 cm).

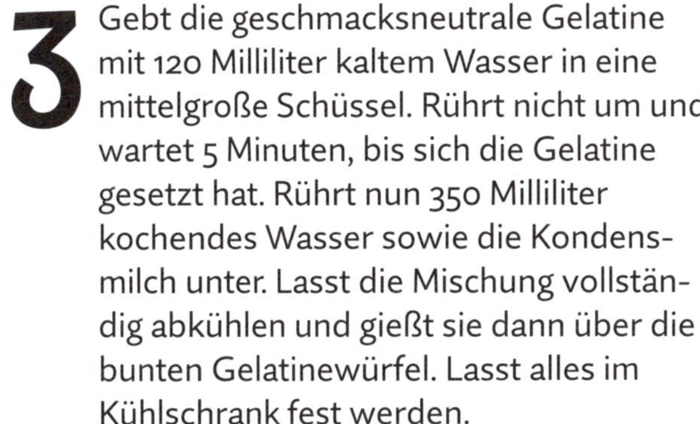

3 Gebt die geschmacksneutrale Gelatine mit 120 Milliliter kaltem Wasser in eine mittelgroße Schüssel. Rührt nicht um und wartet 5 Minuten, bis sich die Gelatine gesetzt hat. Rührt nun 350 Milliliter kochendes Wasser sowie die Kondensmilch unter. Lasst die Mischung vollständig abkühlen und gießt sie dann über die bunten Gelatinewürfel. Lasst alles im Kühlschrank fest werden.

4 Schneidet den »Auflauf« in Quadrate und serviert euer Kunstwerk!

5 Zählt die Anzahl der verschiedenfarbigen Gelatinewürfel in eurem Stück. Rechnet alle Würfel in dem Stück zusammen und bestimmt den Anteil der einzelnen Farben in Brüchen. Habt ihr z. B. 14 Gelatinewürfel in eurem Stück und sind 3 davon rot, beträgt ihr Anteil $\frac{3}{14}$.

Wie viele farbige Würfel?

Rot	Orange	Gelb	Grün	Blau
8	10	4	3	3

Kopiervorlagen

Auf den folgenden Seiten findet ihr Kopiervorlagen, die euch einige Projekte in diesem Buch erleichtern. Ihr könnt die Vorlagen beim Kopieren beliebig vergrößern.

Segmentierter Kreis (siehe Projekt auf S. 38)

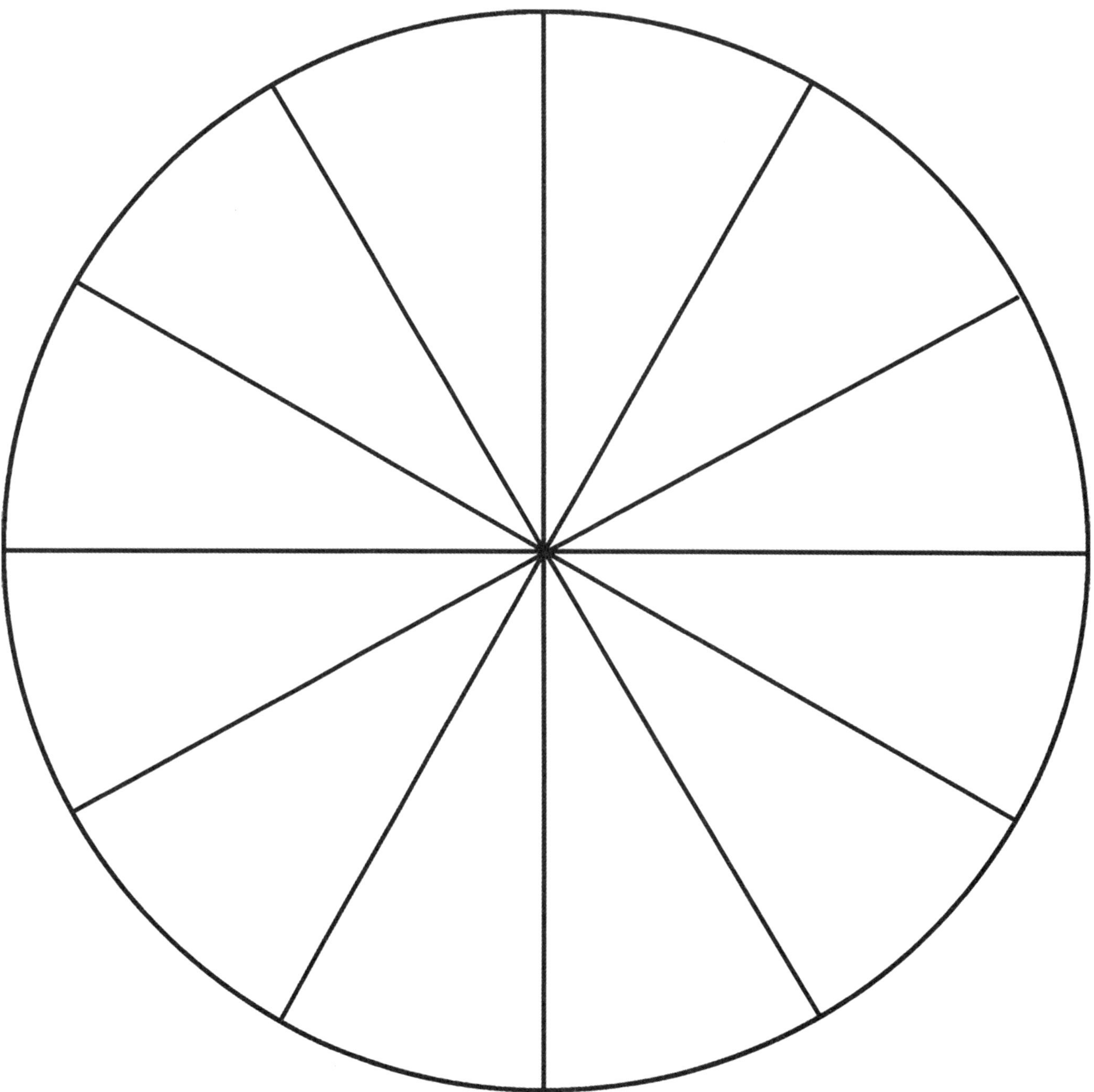

Punktraster (siehe Projekt auf S. 34)

Quadrat aus 10 x 10 kleineren Quadraten (siehe Projekt auf S. 44)

Kirigami-Schablonen: Kreis (siehe Projekt auf S. 54)

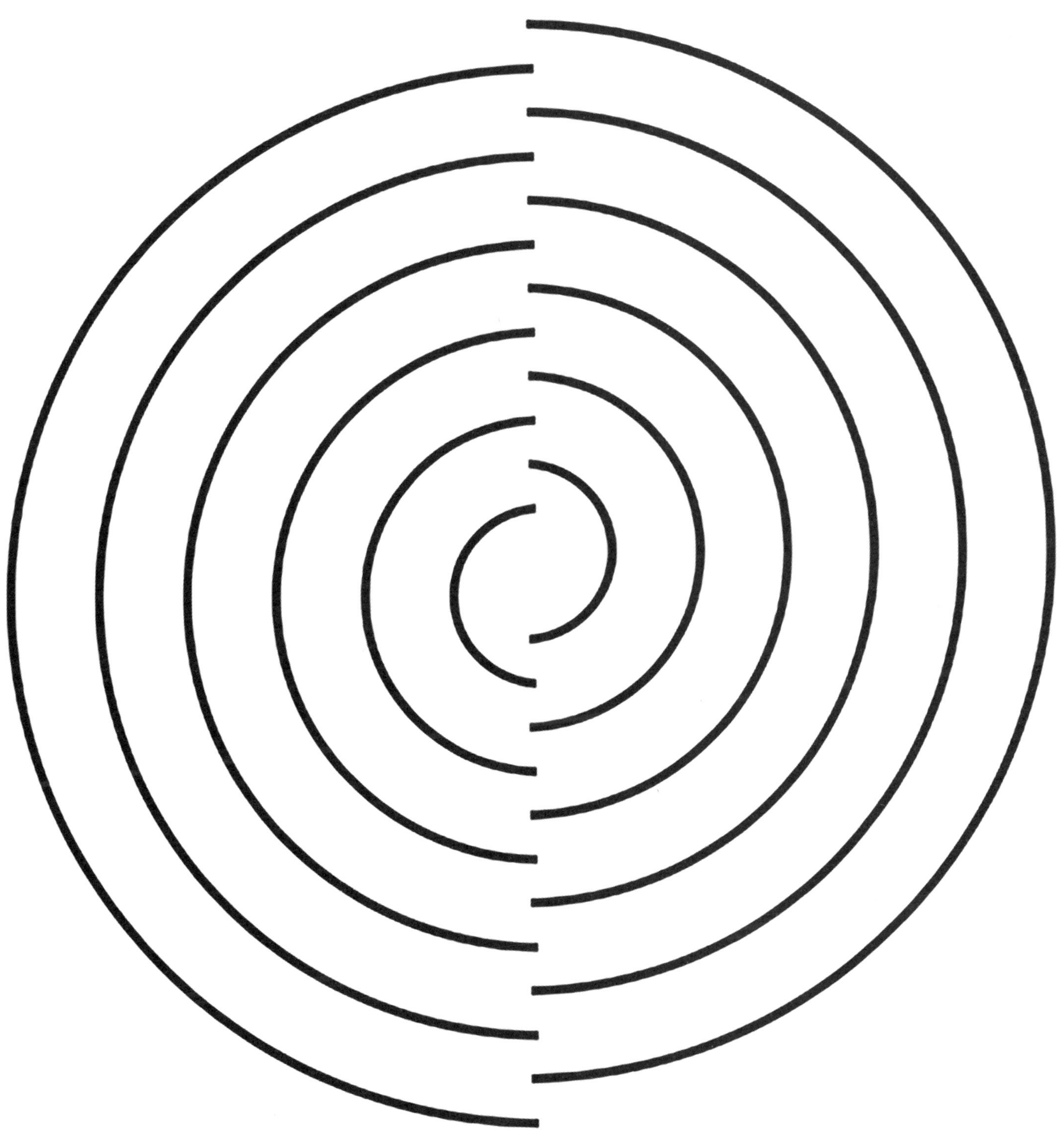

Kirigami-Schablonen: Achteck (siehe Projekt auf S. 54)

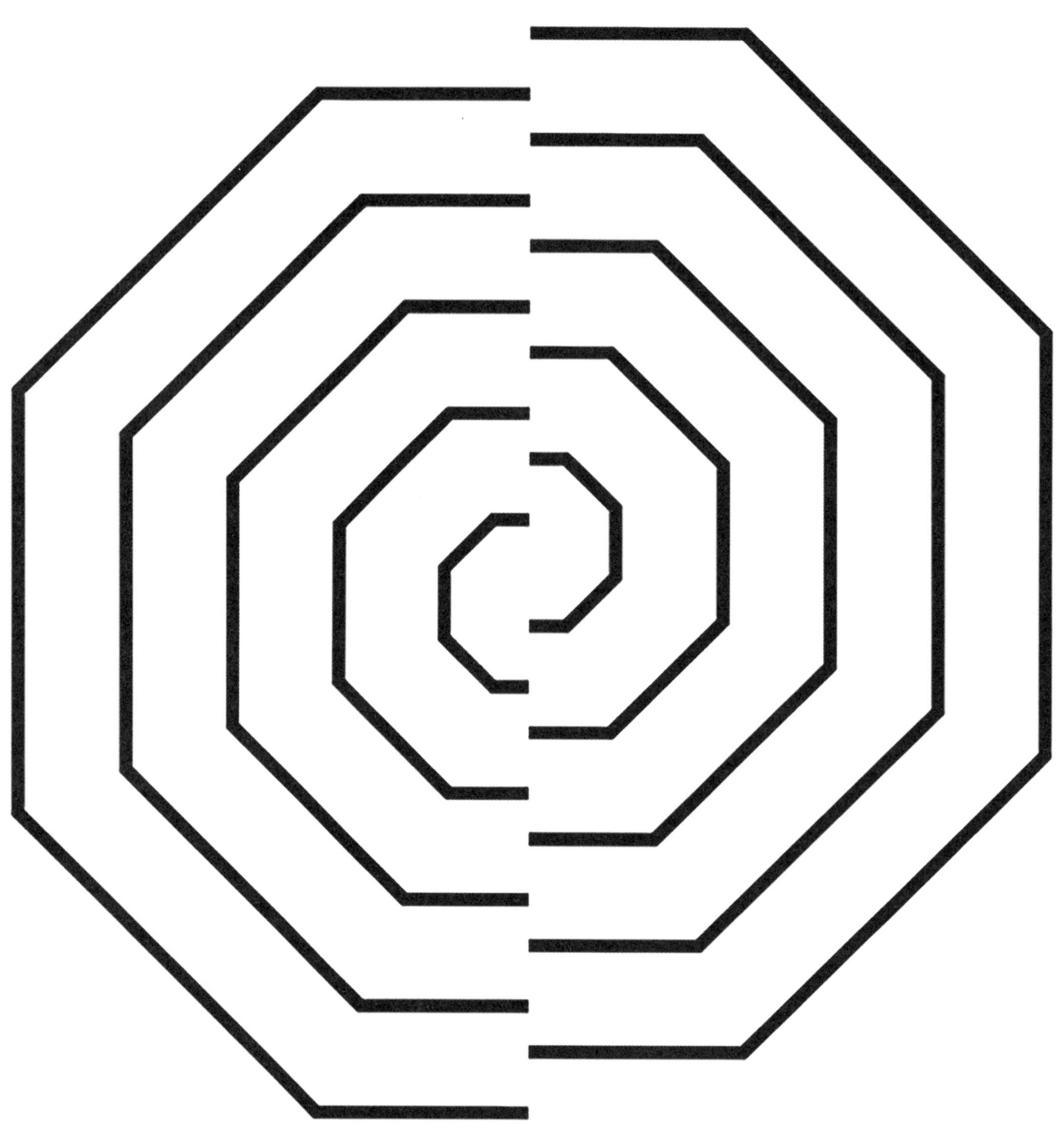

Kirigami-Schablonen: Quadrat (siehe Projekt auf S. 54)

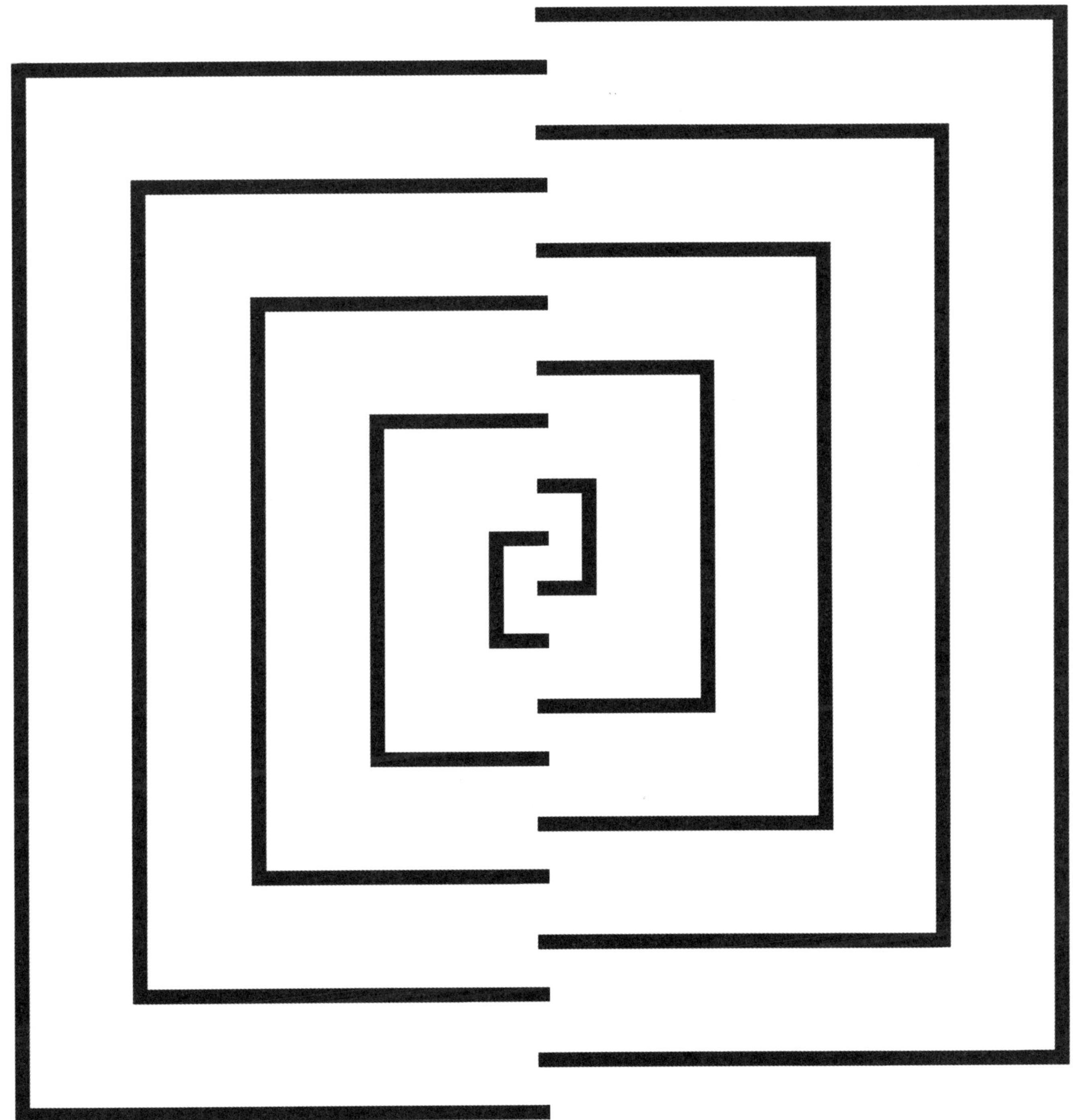

Sechseckschablone (siehe Projekt auf S. 66)

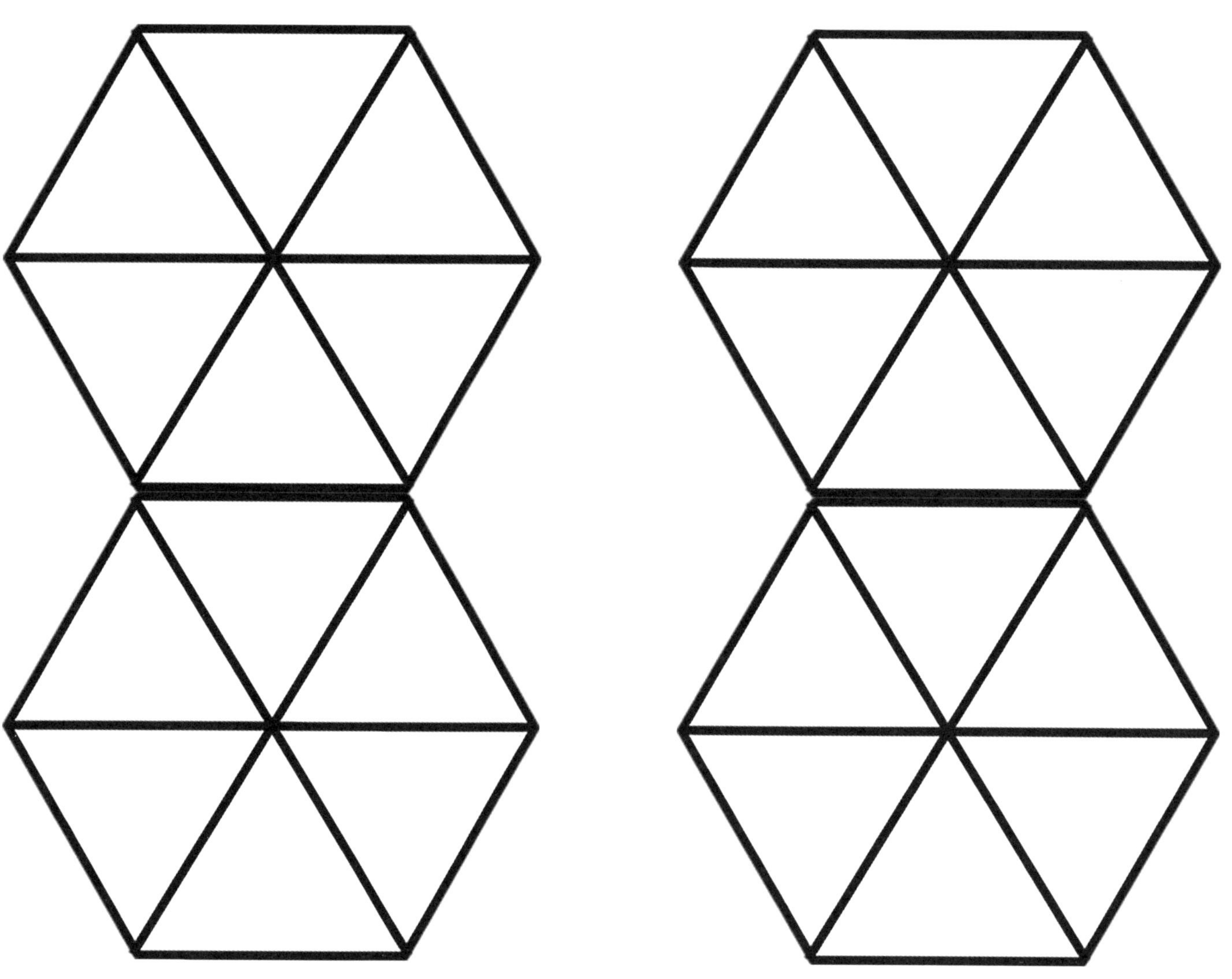

Grundrisse für Papierfiguren (siehe Projekt auf S. 68)

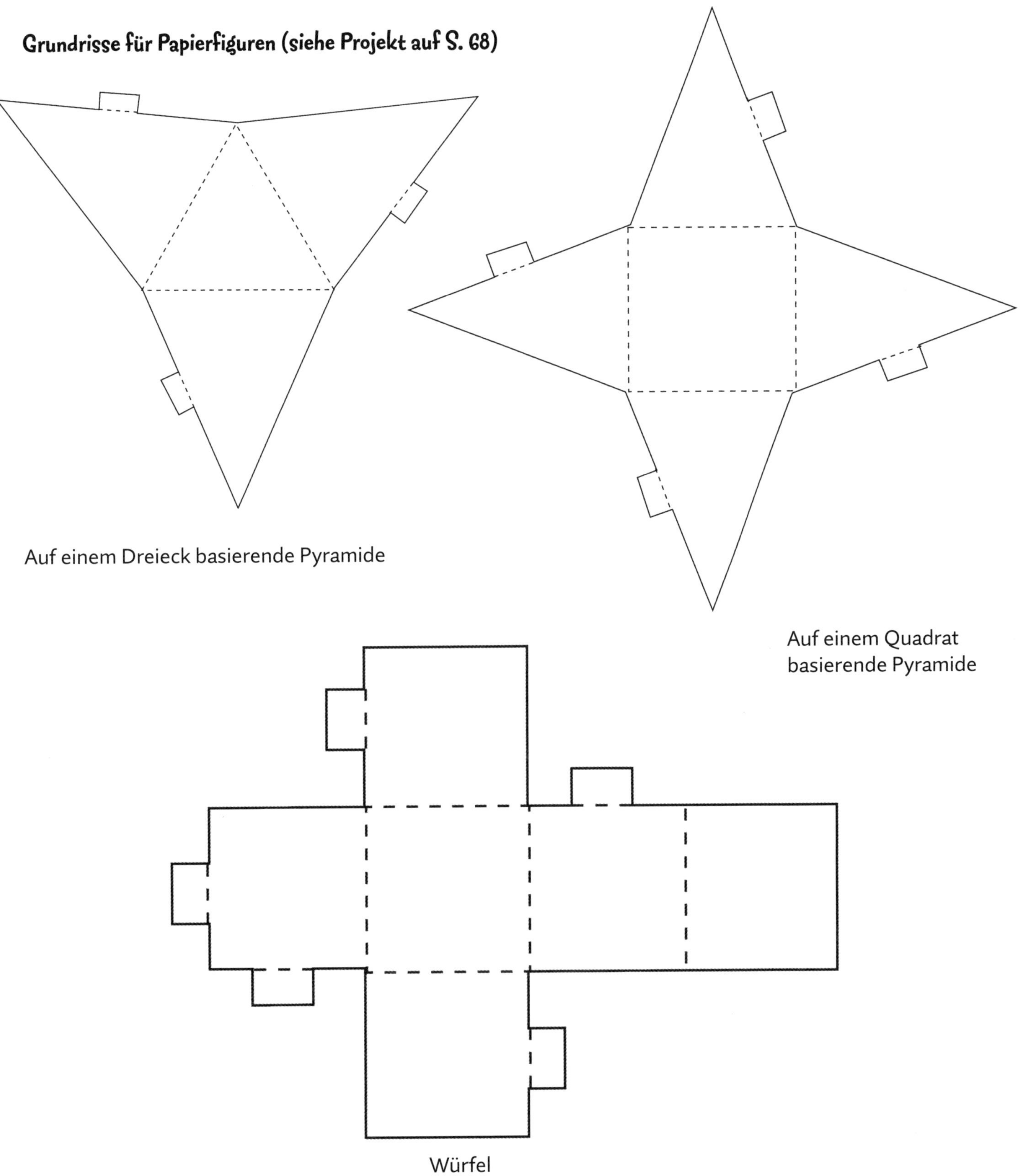

Auf einem Dreieck basierende Pyramide

Auf einem Quadrat basierende Pyramide

Würfel

Grundrisse für Papierfiguren **(siehe Projekt auf S. 68)**

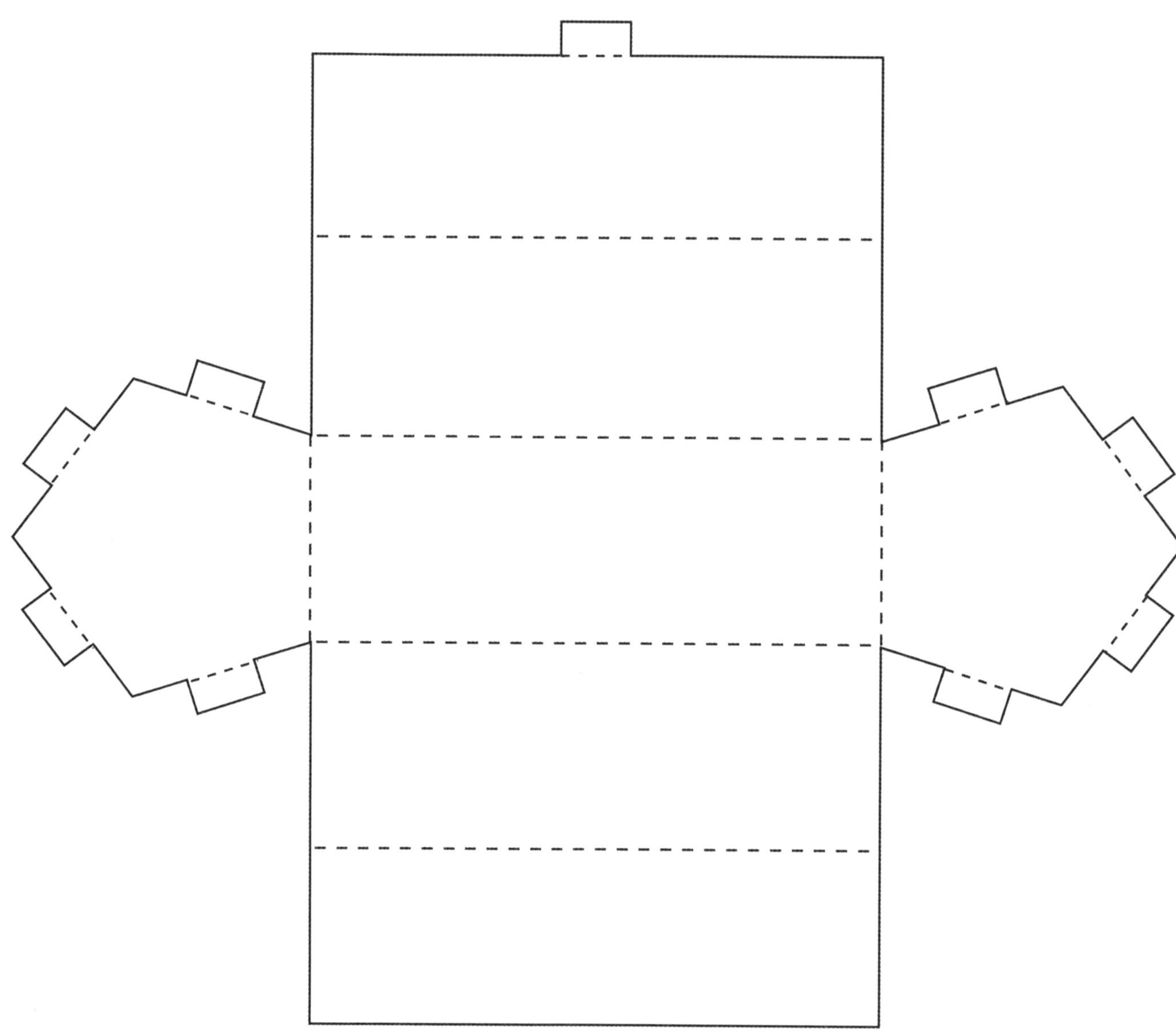

Fünfseitiges Prisma

Grundrisse für Papierfiguren (siehe Projekt auf S. 68)

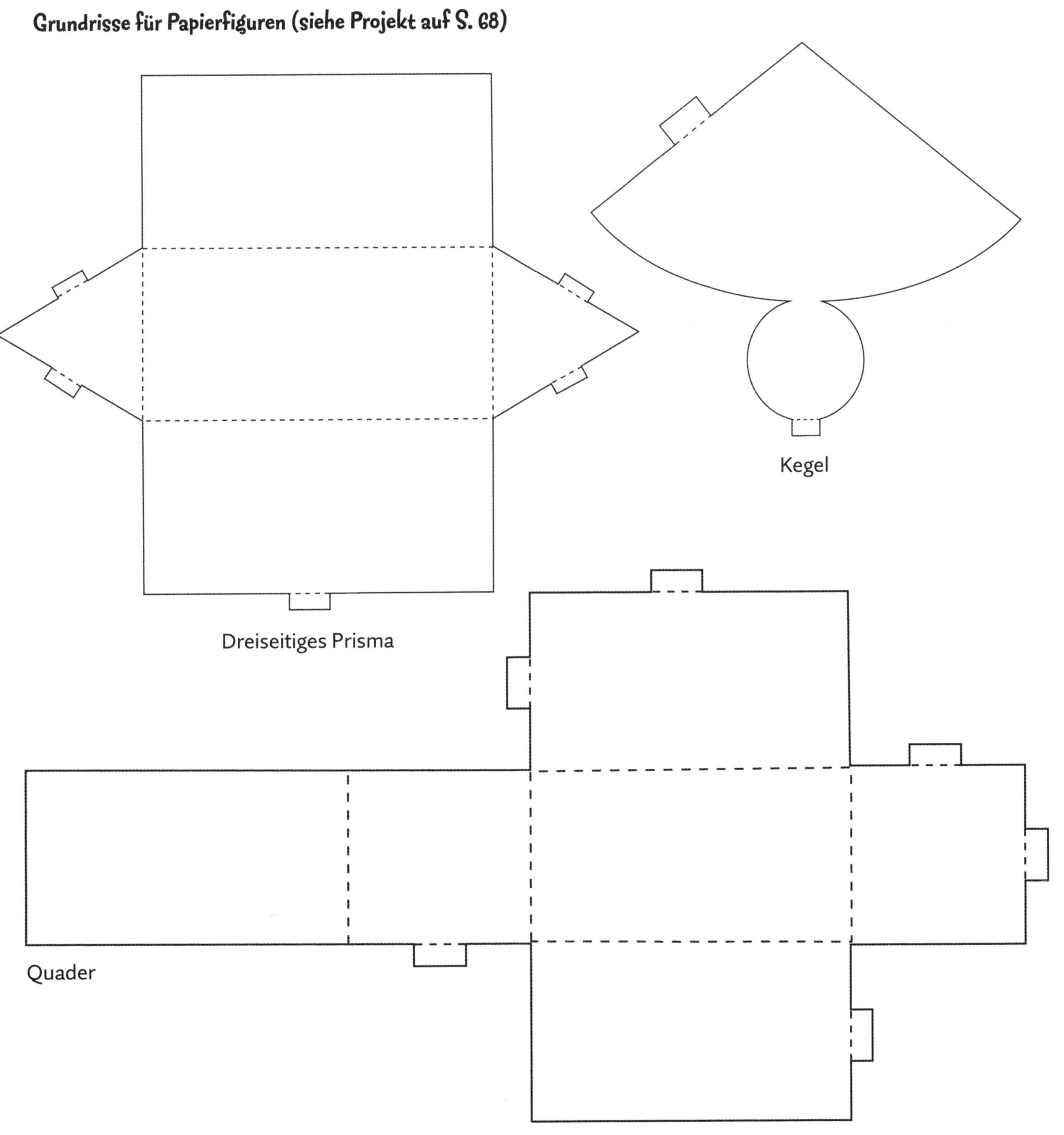

Grundrisse für Papierfiguren (siehe Projekt auf S. 68)

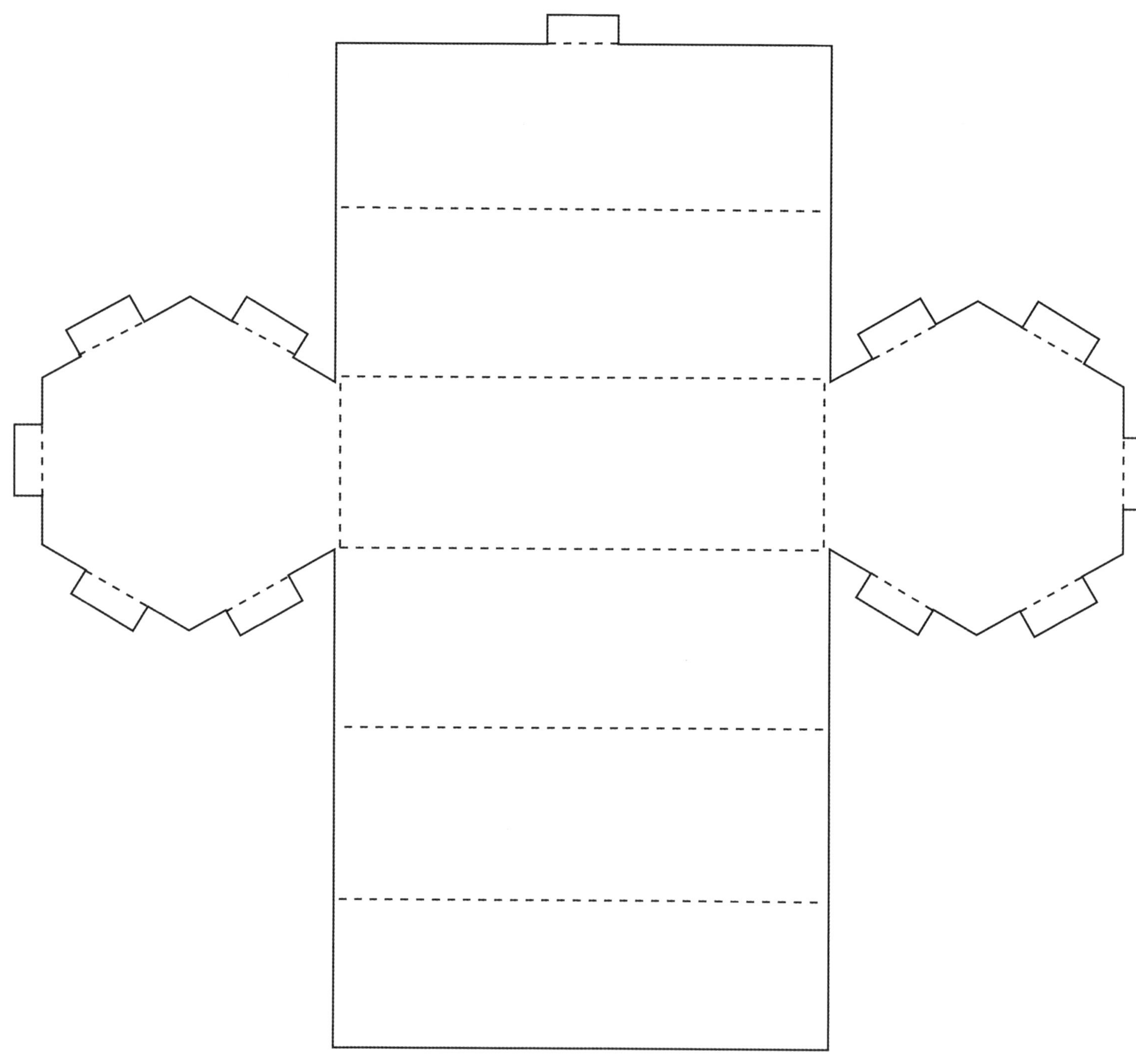

Sechsseitiges Prisma

Quellen

Die meisten für die Projekte benötigten Materialien sind in den Bastelabteilungen größerer Kaufhäuser oder im Bastelladen erhältlich. Ausgefalleneres findet sich leichter im Internet. Plätzchenausstecher für die »Geometrischen Kekse« (siehe S. 90) gibt es z. B. bei etsy.com.

Mehr über die Künstler in diesem Buch:

Museum of Modern Art: moma.org/artists
Alexander Calder: calder.org
M. C. Escher: mcescher.com
Jasper Johns: jasper-johns.org
Wassily Kandinsky: wassilykandinsky.net, kunst-zeiten.de/Wassily_Kandinsky-Leben
Paul Klee: paulklee.net, paul-klee.org/de/burg-und-sonne
Piet Mondrian: piet-mondrian.org, kunst-zeiten.de/Piet_Mondrian-Leben
Frank Stella: artnet.com/artists/frank-stella
Victor Vasarely: artnet.com/artists/victor-vasarely
Frank Lloyd Wright: franklloydwright.org

Mehr über die Kunst alter Kulturen auf der ganzen Welt:

Artsy: artsy.net/gene/ancient-art
Metropolitan Museum of Art: metmuseum.org/toah/chronology

Über die Autorin

Karyn Tripp ist ehemalige Lehrerin und Mutter von vier Kindern, die sich ganz dem Unterricht zu Hause verschrieben hat. Über ihre Online-Community TeachBesideMe.com steht sie in ständigem Austausch mit Lehrerinnen und Lehrern sowie mit anderen zu Hause unterrichtenden Eltern. Wichtig ist ihr vor allem, dass die Kinder beim Lernen Spaß haben. Sie entwickelt Lernprojekte, die das Interesse der Kinder wecken und ihren Mitpädagogen die Arbeit erleichtern. Zudem ist Karyn Mitglied bei STEAM Kids Books, einer Gruppe pädagogischer Bloggerinnen und Blogger, die bereits drei Bücher veröffentlicht haben. Sie lebt in Utah.

Register